10	11	12	13	14	15	16	17	18
								2 He 4.003 ヘリウム
			5 B 10.81 ホ ウ 素	6 C 12.01 炭 　 素	7 N 14.01 窒 　 素	8 O 16.00 酸 　 素	9 F 19.00 フッ素	10 Ne 20.18 ネ オ ン
			13 Al 26.98 アルミニ ウム	14 Si 28.09 ケ イ 素	15 P 30.97 リ　ン	16 S 32.07 硫 　 黄	17 Cl 35.45 塩 　 素	18 Ar 39.95 アルゴン
28 Ni 58.69 ニッケル	29 Cu 63.55 銅	30 Zn 65.38 亜 　 鉛	31 Ga 69.72 ガリウム	32 Ge 72.63 ゲルマニ ウム	33 As 74.92 ヒ 　 素	34 Se 78.97 セ レ ン	35 Br 79.90 臭 　 素	36 Kr 83.80 クリプトン
46 Pd 106.4 パラジウム	47 Ag 107.9 銀	48 Cd 112.4 カドミウム	49 In 114.8 インジウム	50 Sn 118.7 ス 　 ズ	51 Sb 121.8 アンチモン	52 Te 127.6 テ ル ル	53 I 126.9 ヨ ウ 素	54 Xe 131.3 キセノン
78 Pt 195.1 白 　 金	79 Au 197.0 金	80 Hg 200.6 水 　 銀	81 Tl 204.4 タリウム	82 Pb 207.2 鉛	83 Bi 209.0 ビスマス	84 Po (210) ポロニウム	85 At (210) アスタチン	86 Rn (222) ラ ド ン
110 Ds (281) ダームスタ チウム	111 Rg (280) レントゲニ ウム	112 Cn (285) コペルニシ ウム	113 Nh (278) ニホニウム	114 Fl (289) フレロビ ウム	115 Mc (289) モスコビ ウム	116 Lv (293) リバモリ ウム	117 Ts (293) テネシン	118 Og (294) オガネソン

64 Gd 157.3 ガドリニ ウム	65 Tb 158.9 テルビウム	66 Dy 162.5 ジスプロシ ウム	67 Ho 164.9 ホルミウム	68 Er 167.3 エルビウム	69 Tm 168.9 ツリウム	70 Yb 173.0 イッテルビ ウム	71 Lu 175.0 ルテチウム
96 Cm (247) キュリウム	97 Bk ᵇ (247) バークリ ウム	98 Cf (252) カリホルニ ウム	99 Es (252) アインスタ イニウム	100 Fm (257) フェルミ ウム	101 Md (258) メンデレビ ウム	102 No (259) ノーベリ ウム	103 Lr (262) ローレンシ ウム

安定同位体がなく，天然で特定の同位体組成を示さない元素については，その元素の放射性同位体の質量数の一例を（　　　）内に示す。

改訂版

よくわかる
放射線・アイソトープの
安全取扱い

現場必備！教育訓練テキスト

改訂版 刊行にあたって

　本書は，教育訓練用テキストとして，また放射線取扱入門書として 1982 年に刊行された「アイソトープの安全取扱入門—教育訓練テキスト—」，その後 2005 年に全面改訂された「放射線・アイソトープを取扱う前に—教育訓練テキスト—」の後継書として 2018 年に刊行された「よくわかる放射線・アイソトープの安全取扱い—現場必備！教育訓練テキスト—」の改訂版です。

　近年，研究目的での放射線・RI の利用が減少する一方で，粒子線治療や RI 内用療法といった医療分野での利用が大きく拡大しています。また，2011 年 3 月の東日本大震災に伴う東京電力福島第一原子力発電所事故を契機として，放射線の正しい扱いを学ぶための放射線教育はますます重要性を増すこととなりました。

　初版は，こうした放射線を取り巻く状況の変化に対応するために，初心者でも十分に理解し活用できるように内容を一新し，イラストや写真，およびコラムを充実しました。幸いに多くの事業所で教育訓練用テキストとしてご利用いただいています。

　今回の改訂版では，2017 年 4 月に改正公布された放射線障害防止法が 2019 年 9 月に放射性同位元素等の規制に関する法律（RI 法）として完全に施行されたことを受けて，"第 5 章 法令"に新たな内容の追加，修正を行いました。RI 法に対応して，「特定放射性同位元素」，「防護措置（セキュリティ対策）」などについて書き下ろしています。各事業所の実態に合わせて必要な項目を選び組み合わせることで，RI 法のもとでの新たな教育訓練に十分に活用できるものとなりました。

　本書が，これまで以上に皆様方に活用していただき，効果的な教育訓練の一助となることを願ってやみません。これからもさらに充実したものとするために，ご使用いただいた皆様の忌憚のないご意見などをいただければ幸いです。

2020 年 2 月

公益社団法人日本アイソトープ協会 放射線安全取扱部会
教育訓練テキスト改訂ワーキンググループ
主査　小野　俊朗

ワーキンググループおよび執筆者（執筆時所属）

（◎主査　○委員）

◎小野　俊朗（岡山大学特命教授）

○飯塚　裕幸（東京大学工学系・情報理工学系等環境安全管理室）

○上蓑　義朋（理化学研究所仁科加速器科学研究センター）

○原　　正幸（東京医科歯科大学統合研究機構リサーチコアセンター）

○桧垣　正吾（東京大学アイソトープ総合センター）

○二ツ川章二（日本アイソトープ協会）

○松本　幹雄（日本アイソトープ協会）

　加藤　真介（横浜薬科大学健康薬学科放射線科学研究室）

　小島　康明（名古屋大学アイソトープ総合センター）

　佐波　俊哉（高エネルギー加速器研究機構放射線科学センター）

　角山　雄一（京都大学環境安全保健機構放射性同位元素総合センター）

　花房　直志（岡山大学中性子医療研究センター）

目　次

第1章 はじめに

1.1 放射線の歴史

19世紀末，我々の物質に対する知識は大きな進歩を遂げた。放射線，放射性物質の発見である。それ以来約1世紀が経過し，これらの利用は急速に進み，新しい学問や技術を社会に生み出し続けている。

1895年，ドイツの物理学者レントゲンは真空放電という実験をしていた。この実験はガラス管の両側にプラス極とマイナス極を置いて，管の中を真空にして電流を流すというもので，真空にしていくと普段は起こらない放電が簡単に起きるようになり，管内の気体によりきれいな輝きが見られるものである。この現象の身近な応用はネオンサインである。この実験の最中に，レントゲンはガラス管を覆っている黒い紙を突き抜け暗室の蛍光板を光らせているものを発見した。彼はこの不思議な光を，代数でわからない未知数をX（エックス）とする習慣にならってX線と名付け，さまざまな実験を行った（**図1.1**）。**図1.2**のように，手を蛍光板に重ねてX線を当てると，骨の形がよくわかる写真が撮れた。

翌1896年，フランスのベクレルが，ウラン化合物からもX線と似たようなものが出て

図1.1　X線発見当時の実験装置一式

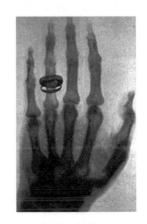

図1.2　X線写真

いることを発見した。偶然, 写真乾板の上に十字架の文鎮を置き, さらに重しが必要であったため, とりあえずウラン化合物の結晶を載せて机の引き出しに入れておいた。あとでそれを思い出し現像したところ, 乾板に十字架がはっきりと写っていることを発見した (図1.3)。ウラン化合物から何か不思議な光線のようなものが出ており, それには写真作用や蛍光作用, あるいは空気を電気の伝導体にする電離作用があることを知った。この場合にはX線の時のような特別な装置は何もなく, ウラン化合物自身から出ているのでX線とは違うものであると考え, ベクレル線と名付けて発表した。

　これに注目したのが, 当時フランスのパリにいたマリー・キュリー (キュリー夫人) で, 夫のピエール・キュリー (図1.4) とともに, ピッチブレンドというウランなどが多く含まれている鉱石から放射線を出す2種類の元素を発見し, 彼女の祖国にちなんだポロニウム, ラテン語で放射を意味するラジウスという言葉からラジウムとそれぞれ名付けた。キュリー夫人は感光作用や電離作用, 蛍光作用を示す能力に対して放射能, 放射能をもつ物質から出る物を放射線と呼ぶことにした。

　その後, キュリー夫人の放射能の発見に興味を持ったイギリスの物理学者ラザフォードは, 1898年に放射線にはα (アルファ) 線, β (ベータ) 線があること, またヴィラールの発見していた透過性が高く電荷を持たない放射線が電磁波であることを証明し, γ (ガンマ) 線と名付けた。

　これらの成果を称えられて, レントゲン, キュリー夫妻, ベクレルそしてラザフォードへ, ノーベル賞が授与された。

　放射線の発見, そしてその後の研究は, 原子の内部構造を解き明かしていき, 現代の物理学や化学の基本概念を構築した。

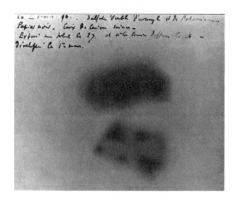

図1.3　写真乾板の十字架像

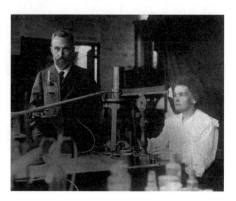

図1.4　マリー・キュリーとピエール・キュリー

:コラム:

●仁科博士とアイソトープ

　仁科芳雄博士は 20 世紀初頭のヨーロッパで沸き起こった物理学の革新に立ち会い，その成果を日本へ持ち帰り，日本の科学に新時代を築いた。そして多くの弟子を育て，日本の原子物理学（原子科学）の父と呼ばれている。

　仁科博士は 1890 年に現在の岡山県浅口郡里庄町浜中で出生した。岡山中学校，第六高等学校を経て 1914 年 9 月 1 日東京帝国大学に入学，1918 年 7 月 9 日東京帝国大学工科大学電気工学科を首席で卒業し，翌日に設立 2 年目の理化学研究所の研究生（鯨井研究室）となった。その 2 年後に研究員補に任命されて欧米諸国留学を命じられ，翌年 4 月にヨーロッパに向けて出発した。ケンブリッジ大学キャベンディッシュ研究所のラザフォード教授のもとで研究を開始し，その後コペンハーゲン大学のボーア教授のもとで理論物理学の研究を行った。当時としては異例の足掛け 8 年の留学であり，量子力学の勃興を体験した唯一の日本人であった。

　帰国後はディラックやハイゼンベルグ，そしてボーア教授らを招聘し，自らの講演活動も含めて湯川秀樹，朝永振一郎両博士をはじめとする多くの弟子を育てた。理化学研究所仁科研究室では「親方」として日本の宇宙線・原子物理学の実験研究を世界のトップレベルに引き上げた。特に 1935 年頃よりアメリカのローレンスの協力を得て，サイクロトロン（3.3「加速器の種類と特徴」参照）の建設にとりかかった。1937 年に完成した 27 インチのサイクロトロンで製造した RI をトレーサーとして利用する生物化学研究を，共同研究者と共に推進した。これは当時世界で 3 か所目であった。1944 年には 60 インチのサイクロトロンが完成したが，敗戦後これらは進駐軍により破壊されて東京湾に破棄された。失意の仁科博士は進駐軍により解体された理化学研究所を引き継ぐ㈱科学研究所社長として，日本の科学の再興に道を拓いた。そして仁科博士の並々ならぬ尽力により，敗戦から 5 年後の 1950 年 4 月 1 日にアメリカの原子炉で製造された RI（^{113m}In, ^{125}Sb）の輸入が実現した。これを契機に日本の RI の応用に関する研究と普及を図るために設立されたのが，日本放射性同位元素協会（現・日本アイソトープ協会）である。

1.2 放射線の利用

　放射線の利用は医学分野で始まり，現在では農業，工業，教育・研究などさまざまな分野で利用されている（図1.5）。誤った取扱いをすれば放射線障害が発生するおそれがあるため，その利用に際しては管理・規制を適切に行い，取扱う人に対して放射線障害が発生しないように，またはその発生リスクを小さくする必要がある。放射線と放射性物質（RI）の利用は極めて多彩であるが，RIからの放射線を目印にして物質の移動を追跡（トレース）することができるトレーサ利用と，放射線が物質に当たると，物質とさまざまな相互作用を引き起こす作用を上手に利用した照射利用に大きく分けられる。

　以下，利用の実際について簡単に紹介する。

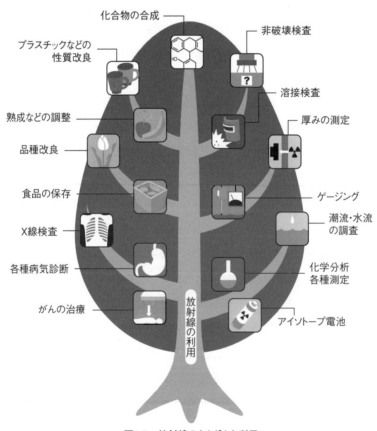

図1.5　放射線のさまざまな利用

4

1.2.1 医学利用

医学分野における利用は，病気の診断と治療に大きく分けられる。

1) 診断

　病気やけがを治療するに当たってその状態を判断するための情報源として，主として X 線の透過特性を利用して身体内部を描出する X 線診断（単純 X 線撮影，X 線造影検査，X 線 CT，図1.6）がある。また，体内に放射性医薬品を投与して診断する方法として核医学検査があり，ガンマカメラ走査装置とコンピュータを用いて体内の断層像を得る方法は，単一光子放射断層撮影（SPECT: Single Photon Emission Computed Tomography，図1.7）と呼ばれている。壊変に伴い放出される γ 線を検出して撮影する。一方，陽電子消滅に伴い放出される 2 本の光子（消滅放射線）を利用した断層撮影法を陽電子放出断層撮影法（PET: Positron Emission Tomography，図1.8）と呼び，超短半減期のポジトロン核種（^{18}F）標識 FDG（フルオロデオキシグルコース）をがんに集積させて，撮像することによりがんの診断を行う。現在では CT や MRI との複合機で精度のよい診断が可能である。そのほか，PET 核種としては ^{11}C，^{13}N，^{15}O が利用されている。

2) 治療

　がん細胞に放射線を照射してがんの治療が行われている。いかに「がん」のみに放射線を集中して当てるかが重要であり，脳腫瘍に対してのガンマナイフなどがある

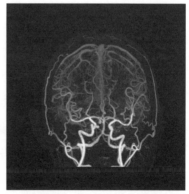

（写真提供：虎ノ門病院　丸野廣大医師）

図1.6　X線による検査（左）と脳血管のX線3次元造影像（右）

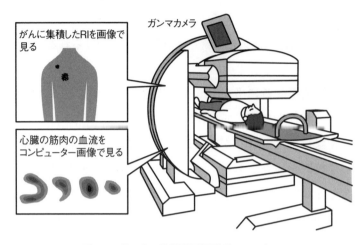

図 1.7　単一光子放射断層撮影（SPECT）

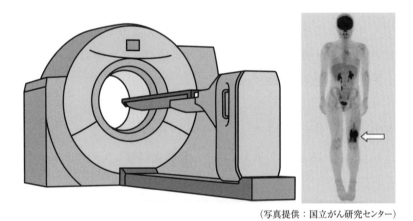

（写真提供：国立がん研究センター）

図 1.8　陽電子放出断層撮影法（PET）

（図 1.9）。近年では，X 線や γ 線を使う従来の放射線がん治療と異なり，体の奥のがん病巣の部分にだけ作用を集中できる陽子線あるいは，重粒子線がん治療がある（図 1.10）。体内から放射線を当てる，RI 内用療法という非密封 RI による内部放射線治療の方法もあり，これは，RI を含んだ薬剤を病巣（がんや良性疾患）に選択的に取り込ませて放射線を照射するものである。^{131}I などによる内用療法のほかに，飛程が短く，エネルギーの高い α 線放出核種による治療が期待されている（^{223}Ra 製剤）。また，治療したい臓器に直接密封線源を埋め込んで治療する方法として，小線源治療が

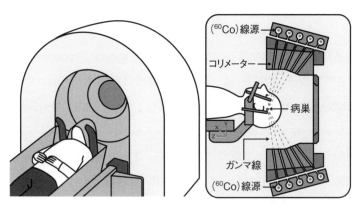

図1.9 ガンマナイフ

（提供：津山中央病院）

図1.10 陽子線治療装置
直線加速器（左）とシンクロトロン（右）

ある。このほか，今後期待されるものとして中性子医療（ホウ素中性子捕捉療法）がある。

1.2.2 農業利用

農業における利用は，品種改良，食品照射，害虫駆除などがある。

1）品種改良

茨城県にあるガンマ・フィールド（γ線照射施設）では，放射線変異による品種改良が行われている。植物や種子に放射線を照射して，誘発された変異体を育種し改良した個体を作る。

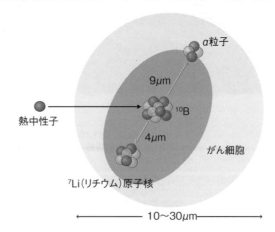

コラム

●ホウ素中性子捕捉療法（BNCT：Boron Neutron Capture Therapy）

　ホウ素中性子捕捉療法（BNCT）は，熱中性子捕獲断面積の大きいホウ素（^{10}B）をがん細胞に選択的に取り込ませておき，中性子を照射してがん細胞内で核分裂反応を誘導して，発生した高エネルギー粒子線（α線およびリチウム原子核）でがん細胞だけを選択的に破壊する，新しいがん治療法として期待されている。さらに発生した粒子線の飛程が数ミクロンと細胞1個より小さい。したがってがん細胞に^{10}Bが導入されていれば，理論的に1回の照射でがん細胞のみを破壊し，正常細胞は損傷しない。

　BNCTは研究用原子炉からの中性子源を用いて脳腫瘍や口腔がんで臨床試験が行われ，その優れたQOLで成果を上げてきた。病院に設置導入するためには加速器型の中性子源の開発が必要であり，我が国では現在サイクロトロン，直線加速器および静電型加速器の開発が進められている。また従来のホウ素薬剤（BSH，BPA）の短所を克服して，がん細胞に特異的に導入できる高性能のホウ素薬剤の開発も進められている。2015年11月に日本に民間病院として世界で初めての加速器型BNCTシステムが設置され，運用が開始されている。

　BNCTは我が国が世界をリードしている数少ない医療技術であり，副作用の少ない標準的ながんの放射線治療法として期待されている。

2) 食品照射

　放射線照射により，食品についている害虫や細菌などを殺すことができる。

　またじゃがいもやたまねぎの発芽防止が可能である。世界では多くの国で多くの種類の食品照射が実施されている。香辛料や野菜，魚介類など100種類以上に及んでいるが，日本では北海道士幌町農業協同組合によるじゃがいもの発芽防止が実用化されているのみである（**図1.11**）。

(写真提供：士幌町農業協同組合)

図1.11 士幌馬鈴薯照射プラント

3) 害虫駆除

　沖縄諸島では不妊化虫放飼法により害虫のウリミバエを根絶し，沖縄産のにがうり
の出荷が可能になった。 交尾能力は残っているが，生殖能力が失われる程度に放射
線を当てた成虫を自然界に放虫し，種としての繁殖を抑えることにより害虫を根絶す
る。

■ 1.2.3　工業利用

工業における利用は，計測応用，機能性材料の創製，滅菌・殺菌などがある。

1) 計測応用

　放射線の電離，励起，透過，散乱などの特性を利用した応用計測が用いられている。
厚さ計，レベル計，密度計，水分計などがあり，身近なところでは空港の手荷物検査
などや，土木の分野ではトンネル工事などで利用されている。

2) 機能性材料の創製

　材料そのものの製造，材料の特性の増強，新たな特性の付与などに用いられる。電
線・ケーブルの被覆材，発泡プラスチック，ラジアルタイヤなどの製造に欠かせない
ものとなっている。これらは耐熱性や機械的性質の改善に用いられている一例であ
る。

3) 滅菌・殺菌

　医療分野では，人工腎臓，注射器，注射針，縫合糸などに，そのほかの分野では食品容器や，ピペット，シャーレなどの実験器具などに放射線滅菌が行われている。

■■124　そのほかの利用

1) 環境対策

　放射線を使うことにより環境汚染物質を浄化することができる。排煙に電子線を当てると，排煙中の窒素酸化物や硫黄酸化物が取り除かれ，副生する硫安・硝安は農業用肥料として利用できる。このほか，ダイオキシンや揮発性有機化合物も分解除去できることが確かめられている。

2) 年代測定

　自然界に存在する ^{14}C を利用して，考古学上の出土品などの年代を推定することができる。数千年程度の試料については ±20 〜 40 年の誤差で測定できる。

第2章 安全取扱いの基礎

2.1 放射線および放射性同位元素（RI）の基礎

▌2.1.1 原子および原子核の構造

物質を構成する要素のことを元素という。地球上には約100種類の元素が存在し，すべての物質は1種類の，または複数種類の元素の組み合わせで作られている。このとき実際に物質を構成している微粒子を原子と呼ぶ。すなわち，原子はいずれかの元素に属する物質を構成する成分そのものである。

原子は，正の電荷を持つ原子核と負の電荷を持つ電子（e⁻）からなる（**図2.1**）。電子は原子核の周囲に広がる電子軌道と呼ばれる空間に存在している。このため，この電子のことを軌道電子ともいう。

原子核は陽子と中性子から構成されている。この二つを合わせて核子と呼ぶ。陽子は正の電荷を帯び，電子の1840倍ほどの質量をもつ。また中性子は電気的には中性で，質量は陽子とほぼ等しい。原子全体の大きさは約 $1 \sim 3 \times 10^{-10}$ m であるが，このうち原子核の大きさは $10^{-15} \sim 10^{-14}$ m 程度とかなり小さい。したがって，原子はほぼ電子の存在す

（例：ヘリウム原子 He）

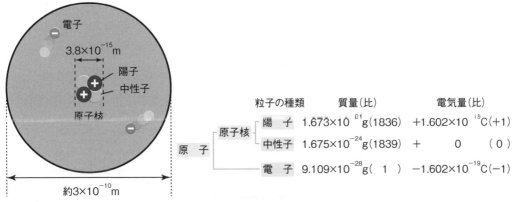

図2.1　原子の構造

コラム

●同位体と周期表

　これまでに存在が確認された原子を原子番号順に並べると，その化学的性質は周期的に変化する。これを元素の周期律といい，これに基づき性質の類似した元素が同じ縦の列に並ぶように配列した表を周期表という。各元素の性質は，その電子配置によって決まるが，周期表はその関係がよくわかる作りになっている。周期表には通常，各元素の同位体は記載されていないが，その存在を考慮して求められた原子量が示されている。原子量は，天然における同位体の存在比を考慮して平均化したその元素の相対的質量である。

　発見されたもののまだ確定していない元素が，仮の名称で周期表に書かれている場合もある。数字を表す用語のルールに従い原子番号をもとに，ウンウンウニウム（111番）やウンウンビウム（112番）といった仮称で呼ばれ，その後存在が確定すると正式名称が与えられる。111番と112番は後にレントゲニウムとコペルニシウムと命名された。同様に原子番号113番の元素は，その存在は確認されていたが，長らく確定できていなかったため，ウンウントリウムと呼ばれていた。2012年に日本の理化学研究所により確定され，2016年に，ニホニウム（元素記号：Nh）と命名された。アジア初の新元素の発見であった。なお，原子番号83番以上の元素はすべての同位体が放射性である。したがって，ニホニウムには安定同位体は存在しない。

る空間からなるが，質量はほぼ原子核を構成している核子の個数で決まる。

　陽子の個数を原子番号といい，これにより元素の種類が決まり，各々の元素記号で表される。また，原子の質量をほぼ決める核子（陽子＋中性子）の個数を質量数という（**図2.2**）。

　陽子数が同じであっても，中性子の数が異なる原子も存在する。このように原子番号は等しいが質量数が異なるもの同士を，互いに同位体（アイソトープ）の関係にあるという。

　陽子数や中性子数が違う，または核子の個数が同一でもエネルギー状態が違うなど，原子核の状態の違いによって原子核が区別できるとき，各々を異なる核種と呼ぶ。原子核は，

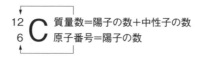

図2.2　原子の表記法

陽子と中性子の数のバランスなどにより，安定な場合と不安定な場合がある。後者の場合，何らかの形で原子核からエネルギーを放出することで安定な原子核になろうとするため，放射性核種という。特に同位体においては，安定なものを安定同位体（安定同位元素），不安定なものを放射性同位体（放射性同位元素）と呼ぶ。後者は，英語でラジオアイソトープというため，略してRIと呼ばれる。たとえば，^{11}C，^{12}C，^{13}C，^{14}C は互いに同位体であるが，^{12}C，^{13}C は安定同位体，^{11}C，^{14}C は放射性同位体である。

■ 2.1.2　放射性壊変

放射性核種は，安定になるためのエネルギーを放射線として放出することで，より安定な原子核を持った異なる核種に変化する。この現象を放射性壊変（放射性崩壊）といい，壊変前の核種を親核種，壊変後のそれを娘核種と呼ぶ。

主な放射性壊変の形式としては，α壊変，β壊変，γ線放出がある。また，β壊変には β^-壊変，β^+壊変および軌道電子捕獲がある。

1)　α壊変

原子核からα粒子が放出される放射性壊変のことである。α粒子は He の原子核に相当する陽子2個と中性子2個から構成されており，放出されたα粒子をα線という。親核種はα壊変により原子番号が2，質量数が4減少した娘核種となる（図2.3）。α壊変の多くは，質量数が210以上であり中性子が少ない原子核で起こりやすい。

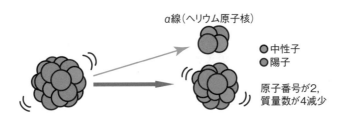

図2.3　α壊変

2)　β壊変

原子核内の陽子と中性子が電子を仲介して相互に変換する壊変形式で，①β^-壊変，②β^+壊変，③軌道電子捕獲に分類される。β壊変では原子番号の増減はあるが，質量数は変化しない。中性子過剰核ではβ^-壊変が，陽子過剰核ではβ^+壊変と軌道電

子捕獲が競合して起こる。

① β^-壊変

原子核内の中性子1個が陽子1個に変換され，電子と反ニュートリノが原子核外に放出される現象である。このときに放出される電子をβ^-線という。β^-壊変により親核種は原子番号が1増加した娘核種となる（**図2.4**）。

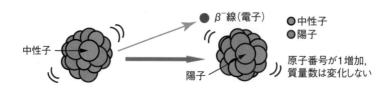

図2.4　β^-壊変

② β^+壊変

原子核内の陽子1個が中性子1個に変換され，陽電子（ポジトロン）とニュートリノが原子核外に放出される現象である。このときに放出される陽電子をβ^+線という。β^+壊変により親核種は原子番号が1つ減少した娘核種となる。

③ 軌道電子捕獲

軌道電子捕獲は，核内に軌道電子が取り込まれ，1個の陽子と結合して中性子に変わる現象である。このときニュートリノが放出される。軌道電子捕獲により親核種は原子番号が1つ減少した娘核種となる（**図2.5**）。この現象ではエネルギー準位の低い内殻の電子が取り込まれるため，空位になった電子軌道に外側の軌道電子が転移し，そのエネルギー差がX線として放出される。このX線を特性X線という。

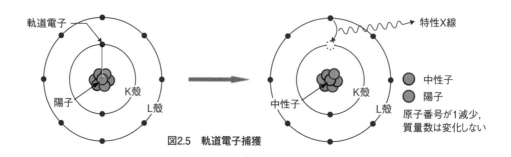

図2.5　軌道電子捕獲

3） γ線放出

α壊変やβ壊変で生成した娘核種の原子核は励起状態にあることが多く，このときのエネルギーを電磁波として放出してエネルギー状態の低い安定な状態に転移する。この現象をγ線放出（γ転移）といい，このとき放出される電磁波をγ線という。γ線放出では原子核の核子の個数に変化はないため，原子番号も質量数も変化しない（図2.6）。また，原子核の励起状態の寿命は極めて短いため，γ線放出の前後の核種を区別することは通常できない。しかし，原子核が励起状態から基底状態に移るまでの時間が比較的長い場合，二つの状態の原子核を互いに核異性体といい，それぞれ別核種として区別される。核異性体は質量数の後に m（metastable，準安定の意味）をつけて表す。核異性体におけるγ線放出を核異性体転移という。

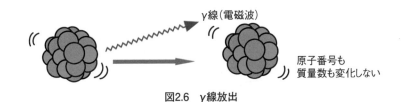

γ線（電磁波）

原子番号も
質量数も変化しない

図2.6　γ線放出

表2.1 に代表的な放射性核種と各々が放出する放射線などを示す。

表2.1　代表的な放射性核種と放出する放射線

核種	半減期	壊変形式	主な放射線とエネルギー
^{3}H	12.3 年	β^-壊変	β線：18.6 keV
^{11}C	20.4 分	β^+壊変	消滅放射線：511 keV
^{14}C	5730 年	β^-壊変	β線：157 keV
^{18}F	110 分	β^+壊変	消滅放射線：511 keV
^{32}P	14.3 日	β^-壊変	β線：1711 keV
^{33}P	25.4 日	β^-壊変	β線：249 keV
^{35}S	87.4 日	β^-壊変	β線：167 keV
^{60}Co	5.27 年	β^-壊変	β線：318 keV　γ線：1173, 1333 keV
^{67}Ga	3.26 日	軌道電子捕獲	γ線：93.3 keV
^{99m}Tc	6.01 時間	核異性体転移	γ線：141 keV
^{123}I	13.2 時間	軌道電子捕獲	γ線：159 keV
^{125}I	59.4 日	軌道電子捕獲	X線：27.4 keV
^{131}I	8.03 日	β^-壊変	β線：606 keV　γ線：365 keV
^{137}Cs	30.1 年	β^-壊変	β線：514 keV　γ線：662 keV
^{192}Ir	73.8 日	β^-壊変・軌道電子捕獲	γ線：317 keV

日本アイソトープ協会「アイソトープ手帳 12 版」を参考に作成

■ 2.1.3　放射線の種類と性質

　放射線は粒子線と電磁波に大きく分類される。粒子線としては α 線，β 線，中性子線などがあり，電磁波としては γ 線，X 線などがある。これらの放射線は，物質と衝突した場合，直接あるいは間接的にその物質を構成している原子の電子をはがす，つまり物質を電離することができるため（図2.7），電離放射線という。このうち，α 線や β 線などの荷電粒子は直接的に原子や分子の電離を引き起こすため，直接電離放射線と呼ばれ，γ 線や X 線などの電磁波や電荷を持たない中性子線は，原子や原子核との相互作用を介して二次的に荷電粒子を発生させることで間接的に電離を引き起こすため，間接電離放射線と呼ばれる。一方，可視光，赤外線，紫外線などは電磁波であるため，広い意味においては放射線の一種であるが，そのエネルギーが小さいため電離能力はなく，非電離放射線と呼ばれる。通

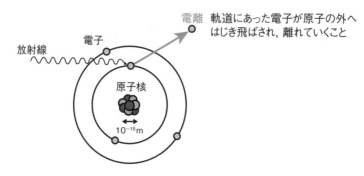

図2.7　放射線による電離作用

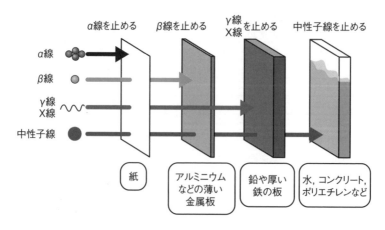

図2.8　放射線の種類と物質透過力

常，単に放射線というときは，電離放射線を意味している。

　α線やβ線のような電荷を持つ荷電粒子では，放射線による電離作用は主に静電気的な力であるクーロン力により発揮される。一方，γ線などの電磁波は電荷を持たないため，直接発揮される電離作用は，軌道電子との衝突に限られる。この電離させる能力は，各放射線の物質透過力と関連し，電離能力が高い放射線ほどエネルギーを失いやすいため，透過力は弱くなる。この関係は各放射線の遮蔽材の選択とも関連する（図2.8）。電離能力の高い放射線は，電子数の少ない，すなわち原子番号が小さい元素でも容易に止めることができるが，電離能力が低い放射線を止めるには，電子数の多い原子番号が大きい元素で相互作用する確率を高めなければならない。ただし，原子核と相互作用する中性子線の遮蔽はこれに当たらず注意が必要である。なお，荷電粒子の物質透過力を表す用語として飛程がある。これは荷電粒子が物質に入射して止まるまでに進む距離を示す。

1)　α線

　α壊変に伴って原子核内から放出される，陽子2個と中性子2個からなる荷電粒子をα線という。+2価の電荷を有するため，電離能力が高く飛程は短い。また質量が電子と比べて極めて大きいため，物質中では電子との相互作用により曲げられることなく直進する。空気中で数cmしか飛ばないため，通常，遮蔽は不要で外部被曝のおそれは少ないが，体内に取り込んだ核種から放出されたα線は生体組織を構成している原子を電離して体内でエネルギーを失うため，内部被曝には注意が必要である。

2)　β線（β⁻線とβ⁺線）

　一般にβ線といえばβ⁻線のことを指し，原子核内から放出される電子である。電荷が−1であるため，電離作用はα線よりも弱く，飛程は逆にα線よりも長くなる。また質量が軽いため，物質中に入ると軌道電子とのクーロン力と原子核とのクーロン力により，進行方向を曲げられながらジグザグに進み，エネルギーを失っていく。β⁻線の場合，そのエネルギーにもよるが，ある程度の飛程と電離作用を有するため，外部被曝，内部被曝ともに注意が必要である。なお，遮蔽については遮蔽材の原子の原子核とのクーロン力で失われたエネルギーが後に述べる電磁波として発生する場合があるため，高エネルギーのβ⁻線の遮蔽には原子番号の大きい鉛は用いず，原子番号の小さいアルミニウムや，アクリルなどのプラスチックが適当である。

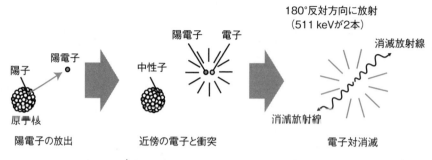

図2.9　β⁺線と物質との相互作用による消滅放射線の発生

　一方，β⁺線は，原子核内から放出される＋の電荷を持つ陽電子である。質量は電子と同じであるため，β⁻線と同様に物質中をジグザグに進むが，電荷が逆のため，進行方向は逆になる。β⁻線と同様の電離作用で減弱していくが，運動エネルギーを失うと同時に物質中の軌道電子と結合し，電子対として消滅する。このとき，電子の静止質量に相当するエネルギー（511 keV）の電磁波が2本，互いに正反対方向に放出される（図2.9）。この現象を電子対消滅といい（陽電子消滅，物質消滅という場合もある），放出される電磁波を消滅放射線（消滅γ線）という。そのため，被曝，遮蔽に関しては荷電粒子としてだけではなく，電磁波としての注意も必要である。

3)　γ線

　γ線とは，原子核のエネルギー準位に基づき原子核内から放出される電磁波である。電荷を持たないため，電離作用は弱く，物質透過力は強い。クーロン力で進行方向が変化しないため，軌道電子と直接相互作用しなければ物質中を直進する。そのため，軌道電子数の少ない原子番号の小さい元素からなる空気中では減弱しにくい。したがって，線源が体外の離れた場所にあっても身体に到達しやすくなるため，特に外部被曝に対する注意が必要である。遮蔽には原子番号の大きいものが適しており，通常，鉛が用いられる。β⁺線の電子対消滅で発生する消滅放射線も同様の性質を示す。

4)　X線

　原子核外から発生する電磁波をX線という。また高エネルギーのβ⁻線が原子核の＋電荷とのクーロン力により急激に減弱したとき，そのエネルギーを制動X線（制動放射線）として放出することもある。この現象を制動放射という（図2.10）。X線

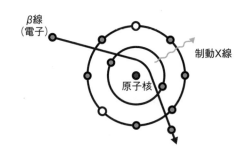

図2.10　X線と制動放射

の性質・挙動は γ 線と同一である。

5)　中性子線

　　原子核から放出された中性子であり，そのエネルギーによって大まかに低速中性子（0.025 〜 100 eV）と速中性子（100 eV 以上）に分類される。低速中性子のうちエネルギーが 0.025 eV のものを熱中性子という。中性子は電荷を持たないため，クーロン力による電離作用でエネルギーを失うことがなく物質透過力は強い。また非電荷の中性子は原子核に近づくことができるため，衝突による散乱や原子核に取り込まれる捕獲といった現象が起きる。捕獲の結果，物質の原子核の核子構成が変化するが，これを核反応という。中性子線は大きい原子核に衝突してもエネルギーを失わずに散乱するが，小さい原子核との衝突ではエネルギーを失い急激に減弱する。そのため，中性子線の遮蔽には，原子番号の小さい元素からなる水やポリエチレンが有効である（図 2.8）。

2.2　放射線の量と単位

▌2.2.1　放射能の単位

　放射性壊変は，放射性核種が自発的に放射線を放出して別核種に変わる現象である（図 2.11）。この原子が有する性質（能力）を放射能という。1個の原子の壊変がいつ起こるかは，核種固有の確率に従うことが統計学的にわかっている。そのため，注目している物質中に，どのくらい壊変する能力が存在するか，すなわち放射能の強さ（A）は，そこにある放射性核種の個数（原子数 N）とその核種が単位時間当たりに壊変する確率（壊変定数, λ）

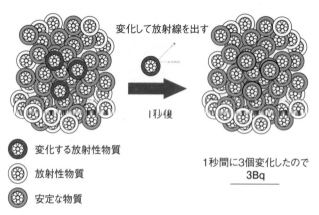

変化して放射線を出す

1秒後

変化する放射性物質

放射性物質

安定な物質

1秒間に3個変化したので
3Bq

図2.11　放射線壊変と放射能の強度

の積で表すことができる。λは最初に存在していた原子数の半分が壊変するのに必要な時間（半減期，T）と $\lambda = 0.693/T$ の関係にある。以上の関係を以下の式で表す。

$$A = \lambda N = 0.693 N/T \quad\text{(1)}$$

　この式から原子数が同じであれば，半減期が短い核種ほど強い放射能を示すことがわかる。また，最初の放射能（A_0）が t 時間後には，放射能（A）に減衰しているという状況は以下の式で表される。

$$A = A_0 e^{-\lambda t} = A_0 (1/2)^{t/T} \quad\text{(2)}$$

　(2)式は，放射能の減衰計算によく用いられる。

　放射能の強度は，単位時間内に壊変する原子数で表すが，その単位として Bq（ベクレル）が用いられる。1 Bq は 1 秒間に 1 個の原子核が壊変することを示している。

■ 2.2.2　放射線量の単位

　放射線が物質中を透過したとき，その物質と相互作用した放射線の量を放射線量という。これは空間に飛ぶ放射線の強度，物質や人体が受けた放射線の量を表すときに用いられる（**図 2.12**）。

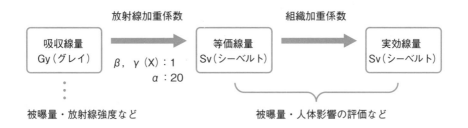

図2.12　放射線量の単位

1)　カーマ

　　カーマとは，電磁波や中性子線などの間接電離放射線が物質に照射されたとき，その物質中の電子などに直接与えた運動エネルギーを，その物質の単位質量（1kg）当たりに換算したものである。作用する物質が空気の場合を空気カーマといい，ある場所における放射線量を表すのに使われる。単位はJ（ジュール）/kg であるが，Gy（グレイ）という固有の単位が与えられている。

2)　吸収線量

　　物質 1kg が，放射線からどの程度エネルギーを吸収したかを表したものを吸収線

コラム

● 照射線量

　放射線が空気 1kg をどの程度電離させたかを，発生した電子の電荷量で表したものを照射線量といい，γ 線と X 線にのみ用いられる。単位は C（クーロン）/kg である。空気カーマは，X 線や γ 線が空気から発生させる二次電子の初期運動エネルギーの総和より求められるため，原理的には照射線量と同じ物理量を捉えていると考えることができる。ただし電磁波のエネルギーが大きいと，発生した二次電子が制動放射を起こすことで初期エネルギーを損失してしまうことがある。この場合は，この損失分を補正しなければ，照射線量と空気カーマは等しくならない。空気カーマに乗ずることで場所や個人被曝に関わる線量が求められる，さまざまな換算係数が示されており，放射線安全管理において活用されている。一方，線量を電子の電荷量で表す照射線量は，現在あまり使われていない。

量といい，単位は空気カーマと同じ，J/kg または Gy（グレイ）である。物質を空気とした場合，測定対象の空間において荷電粒子平衡が成り立つ条件下では，空気カーマとほぼ等しい値となる。荷電粒子平衡とは，対象の空間に入ってくる荷電粒子とそこから逃げていく荷電粒子の種類とエネルギーが等しい状態のことをいう。吸収線量は，放射線治療や細胞実験などの生体に照射する放射線の強度としても使われている。被曝量として用いられることもあるが，同じ吸収線量であっても被曝した放射線の種類によって影響が異なるため，被曝による発がんなどの人体の確率的影響を評価する場合には，以下に述べるような補正が必要になる。

3) 等価線量

　吸収線量に放射線加重係数を乗じて，放射線の種類による生物学的効果の違いを考慮した放射線量を等価線量という。放射線加重係数は，β線，γ線，X線は1，α線は20，中性子線はエネルギーによって異なり 2.5 ～ 20 程度となっている。等価線量の単位は吸収線量と同じ J/kg であるが，固有の単位として Sv（シーベルト）が与えられている。等価線量は人体の被曝量の評価にのみ用いられるが，組織により放射線感受性が異なるため，皮膚，眼の水晶体などの組織名を必ず付記する。

4) 実効線量

　被曝による発がんなどの確率的影響を全身レベルで評価するためには，各組織の等価線量を各々の放射線感受性を考慮して補正し，合算する必要がある。これにより，被曝が全身に均一，不均一に関わらず同じ尺度で評価ができる。このような被曝評価に用いられる放射線量を実効線量という。これは各組織の等価線量にその組織の組織加重係数を乗じたものをすべて合算したもので，単位は等価線量と同じ Sv（シーベルト）を用いる。組織加重係数は，全身のリスクを1として，これを各組織の放射線感受性の違いで分割したものである。

　等価線量と実効線量は防護のために組み立てられた単位で，防護量と呼ばれる。

2.3 放射線の防護

　放射線を利用する場合，有害作用の発生を防ぐために，できるだけ被曝を抑える必要がある。放射線被曝には，身体の外部にある RI から放射線を受ける外部被曝（体外被曝）と，体内に取り込んでしまった RI から放射線を受ける内部被曝（体内被曝）がある（**図 2.13**）。各々の被曝防止の基本について以下に示す。

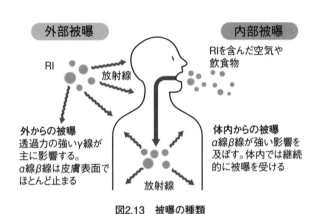

図2.13　被曝の種類

▌ 2.3.1　外部被曝に対する対策

　以下の放射線防護の 3 原則（**図 2.14**）に従って，外部被曝を抑える。

① 線源と人体の間に遮蔽材を置く。

② 線源と人体の距離を大きくとる。

③ 放射線を受ける時間を短くする。

詳細は 3.2「密封された RI の安全取扱い」で述べる。

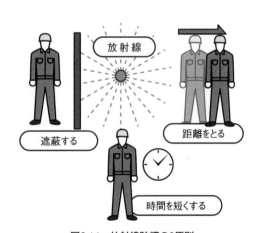

図2.14　放射線防護の3原則

▌ 2.3.2　内部被曝に対する対策

　密封されていない RI や飛散する可能性のある放射化物を扱う場合，外部被曝に加えて内部被曝に対する防護対策も要する。RI を体内に取り込む経路として次の 3 つがある。

① 経気道：呼吸器を介した経路

② 経口：口腔を介した経路

③ 経皮：皮膚や傷口を介した経路

詳細は 3.1「密封されていない RI の安全取扱い」で述べる。

2.4 放射線の測定

2.4.1 サーベイメータ

予期せぬ被曝あるいは汚染拡大を防止するためには，放射線量や RI による汚染の有無を確認しながら作業することが重要である。この目的のために，サーベイメータと呼ばれる持ち運び可能な小型放射線測定器がしばしば用いられる。代表的なサーベイメータを**表2.2** に示すとともに，特によく使われるものについて，その特徴や注意点を説明する。

1) GM 管式サーベイメータ

放射線による気体の電離作用を利用した測定器である（**図 2.15**）。β 線に対して高感度であり，感度は下がるが γ 線や X 線も測定可能である。比較的安価ということもあり，多くの場面で用いられている。

注意すべき点としては，GM 管固有の不感時間（1 本の放射線を検出後，次の放射線を測定できるようになるまでに要する時間）が長いため，計数率（単位時間当たりの計数。計数／分を cpm と表すことがある）が高くなると正しい値に比べて小さな値を表示してしまう，あるいは極端な場合にはまったく計数しなくなる（窒息現象という）。このため，GM 管式サーベイメータは強い放射線源が置かれている場所で使うことができない。

また，エネルギーが非常に低い β 線は GM 管の表面窓を透過できないため，^{3}H など測定できない核種があることにも注意が必要である。

図2.15　GM管式サーベイメータ

2) シンチレーション式サーベイメータ

放射線による発光現象を利用している。有感部に NaI（Tl）結晶を用いた γ 線および X 線用の測定器（**図 2.16**），ZnS（Ag）を用いた α 線用測定器，プラスチックシンチレータを用いた β 線または γ 線用測定器などがある。NaI（Tl）シンチレーション式サーベイメータは γ 線に高い感度を持つ。また，測定器のエネルギー特性を 1 cm 線量当量に合わせたものであれば，μSv/h の線量測定をより正しく行うことができる。

ただし，標準型の NaI（Tl）シンチレーション式サーベイメータはアルミニウムケースに封入されているため，50 keV 程度以下のエネルギーの γ 線および X 線の測定には対応できない。したがって，[125]I など低エネルギー放射線のみを放出する核種を測定する場合には，専用のものを使う必要がある。

図2.16　NaI（Tl）シンチレーション式サーベイメータ

表2.2　サーベイメータとその特性

	GM管式	NaI(Tl)シンチレーション式	電離箱式
測定原理	気体の電離によって作られた放電パルスを計数	放射線による発光を電気信号に変換して計数	気体の電離によって作られた電荷を集めて，電流として測定
測定対象	β, γ, X	γ, X	β, γ, X
エネルギー範囲	200 keV〜3 MeV（β） 5 keV〜3 MeV（γ, X）	50 keV〜3 MeV	30 keV〜2 MeV
測定範囲	〜100 kcpm	〜30 μSv/h	1 μSv/h〜500 mSv/h
特徴	高線量区域では使えない	BG程度のγ線を高感度に測定可能	高線量区域で測定可能

3) 電離箱式サーベイメータ

GM管式と同様に，気体の電離作用を利用している（**図2.17**）。測定原理から測定感度のエネルギー依存性が小さく，μSv/hの測定をもっとも正しく行うことができる。ただし感度自体は低いため，バックグラウンド（BG）程度の低い線量測定には適さず，1μSv/h程度以上の線量測定に用いられる。一方で，機種にもよるが300〜500 mSv/h程度の高線量域まで使用できる。

次に，すべてのサーベイメータに共通の注意点を述べる。

① サーベイメータが正しい結果を表示するまでにはある程度の時間を必要とする。通常は，サーベイメータを検査対象物に近づけた後，時定数の2〜3倍の時間が経過した後に表示を読むことが推奨される。ここで，時定数とは測定器が放射線に反応する時間の目安であり，典型的なサーベイメータでは3〜30秒である。測定時に利用者が時定数を選択できる機種もある。

② サーベイメータはそれ自身を汚染させないように気をつけて取扱う。たとえば，RIで汚染している可能性のある手でサーベイメータを直接触ってはいけない。非密封RIを用いるときは，サーベイメータは使用直前までポリ袋に入れておく。さらに，検出器部分を薄いフィルム（食品包装用ラップなど）で覆っておくといった対策がしばしば取られる。ただし，エネルギーが非常に低い放射線を測る場合は，検出器を被覆材で覆うと放射線が減弱されてしまうこともあるので注意が必要である。

図2.17　電離箱式サーベイメータ
入射窓保護用のキャップを外した状態。γ線測定には
キャップを付けるが，外せばβ線の検知が可能になる

コラム

●時定数

放射線がサーベイメータに検出されたときに生じる電気信号（パルス）は，コンデンサ（C [F]）と抵抗（R [Ω]）で構成される積分回路に蓄積され，電圧がメータに計数率として示される。$R \times C$を時定数（τ [s]）と呼ぶ。仮に放射線が時刻0から平均1000 cpm（count per minute）で入射し始めたとする。メータの指示値は一気に1000 cpmを示すのではなく，下図に示すように，経過時間t [s]とともに式$1000 \times (1 - C^{-1/\tau})$に従って上昇する。$t = 2\tau$（図では20秒）では指示値は86%しか上昇しない。正しく読み取るには時定数の3倍（指示値は95%）以上待つ必要がある。

放射能に変化はなくても，それぞれの原子が壊変する時刻はバラバラであるため，短い時間間隔で見たときの検出器に入射する放射線は，下図の「計数」に示すようにバラつく。これによってメータの指示値は揺らいでしまう。τが長いと揺らぎは小さく，値を正確に読み取るには都合がよい。しかし汚染検査のために検出器をスキャンさせながら測定する場合は，応答が遅くなり，スポット状の汚染を見逃してしまう可能性が高くなる。状況に応じて適宜τを選択する必要がある。

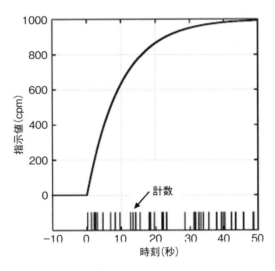

時定数τが10秒のときにおける計数率計の上昇の様子。
「計数」はパルスが数えられる模様を示す（パルス数は1000 cpmには対応していない）

③ 使用するサーベイメータの BG 計数値を把握しておくことが重要である。作業開始前にサーベイメータの電源を入れたときに，通常の BG よりも高いあるいは低い値を示した場合は，サーベイメータ自身が汚染あるいは故障している可能性がある。さらに，同じ線源をまったくの同条件で測定しても，計数値が毎回同じ値になるとは限らないことも知っておく必要がある（統計的変動という）。たとえば，BG の平均値が 0.10 μSv/h であるとき，0.08 ～ 0.12 μSv/h 程度の値は統計的変動の範囲内である可能性がある。

2.4.2 空間線量の測定

作業環境中に放射線がどの程度存在するのかを把握しておくことは，過剰な外部被曝を防止する上で重要である。作業環境における放射線の量のことを空間線量といい，単位時間（たとえば 1 時間）当たりの値を空間線量率と呼ぶ。BG に近い低い値の空間線量率の測定には NaI（Tl）シンチレーション式サーベイメータを，線量率が高い場所では電離箱式サーベイメータを用いる。線量率が非常に高く，接近して測定するだけで被曝する場合には，4 m 程度まで伸ばせる棒の先端に検出器を付けた遠隔サーベイメータを使うとよい。

作業終了後にも空間線量を測定する。このときには，放射線源のしまい忘れや汚染に起因する局所的な高線量区域があることを想定して，複数箇所で測定を行う。時定数や統計的変動を考慮し，1 か所当たり数十秒程度の測定を数回繰り返すことが望ましい。

2.4.3 放射化の測定

加速器施設では，加速されたビームそのもの（「一次粒子」と呼ぶ）ならびに一次粒子が作り出した中性子や制動放射線などの二次粒子によって，加速器本体や遮蔽材および空気などに放射化が起こる可能性がある。このため，加速器利用者は加速器運転中には加速器室に入室しないのはもちろんのこと，運転停止後に入室する際も放射化物への注意が必要である。大部分の放射化物は γ 線を放出するので，測定には NaI（Tl）シンチレーション式サーベイメータを使うことが多い。

加速器室に入室する場合は，室内の放射化物の分布は一様ではないことを頭に入れておく必要がある。一次粒子が当たるターゲットやビームスリットの周辺，あるいは加速器ビームを制御するための電磁石周辺は，放射化の起こりやすい典型的な箇所である。一方で，

コラム

●検出限界

放射線を測定すると，線源を置かなくても計数してしまう BG があり，そのため「有意な放射能汚染はない」ことを証明するのは簡単ではない。国内ではふつう，このことを 99.7% の確かさで示すことができる限界を検出限界という。ある測定条件のときの検出限界は次式で与えられる。

$$n_{\mathrm{N}} = \frac{k}{2}\left\{\frac{k}{t} + \sqrt{\left(\frac{k}{t}\right)^2 + 4n_{\mathrm{B}}\left(\frac{1}{t} + \frac{1}{t_{\mathrm{B}}}\right)}\right\} \quad\cdots\cdots\cdots\cdots\cdots\cdots\cdots\cdots\cdots\cdots \quad (1)$$

ここで，

n_{N}：検出限界計数率（正味計数率）（s^{-1}）

k：信頼の水準によって決定される定数（通常 3 が使われ，99.7% の確かさに対応する）

t：試料の測定時間（s）

t_{B}：BG の測定時間（s）

n_{B}：BG 計数率（s^{-1}）

GM 管式サーベイメータの BG 計数率を $n_{\mathrm{B}} = 1\,\mathrm{cps}$ とすると，時定数（τ）を 10 秒に設定した場合 $t = t_{\mathrm{B}} = 2\tau = 20$ 秒となり，検出限界計数率は $n_{\mathrm{N}} = 1.2\,\mathrm{cps}$ となる。

サーベイメータを用いた直接法による表面汚染密度 A_{s}（$\mathrm{Bq/cm}^2$）は次式で求められる。

$$A_{\mathrm{s}} = \frac{n - n_{\mathrm{B}}}{\varepsilon_{\mathrm{i}}\,W\,\varepsilon_{\mathrm{s}}} \quad\cdots\cdots\cdots\cdots\cdots\cdots\cdots\cdots\cdots\cdots\cdots\cdots\cdots\cdots\cdots\cdots\cdots \quad (2)$$

ここで，

n：全計数率（s^{-1}）

n_{B}：バックグラウンド計数率（s^{-1}）

ε_{i}：β 粒子または α 粒子に対する機器効率

W：放射線測定器の有効窓面積（cm^2）

ε_{s}：放射性表面汚染の線源効率

仮に $\varepsilon_{\mathrm{i}} = \varepsilon_{\mathrm{s}} = 0.5$，$W = 20\,\mathrm{cm}^2$ とすれば，$n - n_{\mathrm{B}} = n_{\mathrm{N}} = 1.2\,\mathrm{cps}$ のときの表面汚染密度は $A_{\mathrm{s}} = 0.24\,\mathrm{Bq/cm}^2$ となる。

◆ コラム ◆

●放射線測定器のトレーサビリティ

　放射線を測定しても，測定器が正しく校正されていないと，値は信頼できない。放射線測定器では，校正事業者によって準備された照射場に測定器を置いて，測定器の指示値を照射場の正しい線量率と比較することによって校正する。その照射場は，さらに上位の校正事業者によって校正された基準器によって値付けされている。国内の最上位の照射場（国家標準）は，国立研究開発法人産業技術総合研究所（産総研）によって開発，維持されている。このように測定器を国家標準と関連付けることをトレーサビリティという。なお産総研のような国家標準機関は，各国の機関と相互比較することによって国際的な整合を図っている。

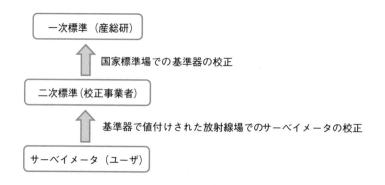

中性子などの二次粒子は加速器本体の外側にも放出される。したがって，放射化の程度は高くないことが多いものの，放射化物自体は加速器室内の広い範囲に分布する。このため，加速器室に入るときは室内の放射線量が十分に下がったことをエリアモニタで確認した上で，サーベイメータで放射線量を確認しながら作業することが重要である。

　加速器室内で使用した物品を放射線管理区域外に持ち出すときは，それらが放射化していないことを確認する必要がある。ここで注意すべきことは，放射化と表面汚染の区別である。物品表面にサーベイメータを近づけてBGを超える値を示したとしても，物品そのものが放射化しているのか，物品の表面にRIが付着しているのかを区別できない。したがって，まず物品表面をろ紙などで拭き取り，間接測定法による表面汚染検査を行う。表面汚染がないことを確認した後に（表面汚染があった場合は除染を行った後に），サーベ

イメータで測定する。もし高い計数値を示した場合は，物品そのものが放射化している可能性が大きいので，表面汚染がなくても管理区域外に持ち出すことはできない（3.1.5「汚染の評価と除去」参照）。

2.4.4　個人被曝線量の測定

放射線管理区域内で個人被曝線量計を着用することは，外部被曝線量を知る上で重要である。着用場所は，男性については胸部，女性（妊娠する可能性がないと診断された女性，および妊娠する意志のない旨を申し出た女性を除く）に関しては腹部である（図2.18）。

現在使用されている個人被曝線量計は2種類に大別できる。被曝線量をリアルタイムで読み取ることのできる直読型線量計と，一定期間（1か月または3か月間）着用した後に，読み取り処理を行うことでその間の累積被曝線量がわかる積算型線量計である（図2.19）。前者は半導体式検出器，後者は蛍光ガラス線量計，光刺激蛍光線量計および熱蛍光線量計

図2.18　個人被曝線量計の着用場所

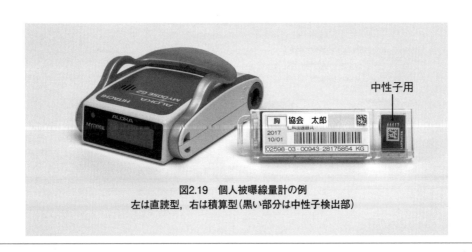

図2.19　個人被曝線量計の例
左は直読型，右は積算型（黒い部分は中性子検出部）

が代表例である。多くの事業所では，積算型線量計を使って放射線業務従事者の被曝管理を行っている。直読型線量計は，一時立入者用あるいは被曝の可能性のある作業を行う従事者の自己管理用として，補助的に使われることが多い。

　直読型線量計は共用機器として管理している事業所が多いと思われるが，積算型は従事者一人ひとりに専用のものが用意される。この場合，他人の線量計を決して使ってはならない。また，線量計を RI で汚染させないように注意するとともに，作業終了後は放射線源から十分に離れた場所に保管する。作業着に付けていた線量計を作業着と一緒に放射線源付近に置いたままにして，その日の作業を終えてしまうことのないように気をつける。さらに，たいていの個人被曝線量計には着用の向き（表と裏）があるので，不明な場合は放射線管理担当者から説明を受けて，正しい向きで着用するように心がける。中性子線源を使う場合のほか，高エネルギー加速器や原子炉での作業に従事する場合には，中性子による被曝がありうるので，中性子も測定可能な線量計を着用する。

第3章　安全取扱いの実際

3.1　密封されていない RI の安全取扱い

　放射線や RI を取扱う際には，放射線による被曝の可能性があることを常に認識する必要がある。低線量被曝の影響がこれからの研究テーマになってきているように，放射線による人体への影響については不明な点も多い。安全対策が十分な施設・設備が備えられている放射線施設において，適切な放射線管理が行われている中で安全な取扱いをする限り放射線障害が発生することはないと考えてよい。しかし，取扱者自身が守るべきことも多く，それらを無視すれば，放射線障害につながるおそれがあることを忘れてはならない。実際の取扱いでは，生じる危険性を最小に，得られる利益を最大にするよう努力しなければならない。

　特に密封されていない RI（非密封 RI）を取扱う際には，汚染や内部被曝にも留意する必要がある。

3.1.1　内部被曝とその防護

1）　安全取扱いの 3 原則（3C の原則）

　実際の非密封 RI の取扱いでは放射線による多少の被曝は避けられないが，被曝を限りなく少なくすることは可能である。また，汚染や RI 廃棄物も発生するが，注意や工夫により少なくすることができる。これらのことは，以下の安全取扱いの 3 原則（3C の原則）を実行することにより実現できる。

> ①　Contain：限られた空間に閉じ込め，広がらないようにする
> ②　Confine：効果的に利用し，その量は必要最小限にする
> ③　Control：適切に管理できる状態で使用する

2) 内部被曝の経路

　非密封 RI や飛散する可能性のある放射化物を扱う場合，外部被曝に加えて内部被曝に対する防護対策も要する。体内に取り込まれた RI は，体外に排出されるまで特定の臓器または全身に分布し，放射線を放出する。RI を体内に取り込む経路として以下の 3 つがある。

① 経気道：呼吸器を介した経路

　作業環境の空気が，気体状の RI によって汚染されている場合，呼吸とともに体内に取り込んでしまうおそれがある。そのような環境をつくらないよう，気体状の RI は必ずフードやグローブボックス内にて扱わなければならない。また粉末状の RI も微粒子として吸い込むおそれがあるため，同様に作業する必要がある。さらに液体状のものであっても，容器の気相部分に気化した成分が存在している可能性があるため，開封作業はフード内で行うなど同様の注意を要する。

② 経口：口腔を介した経路

　RI の粉末や液体の飛沫が口に入ってしまわないよう，作業は注意深く慎重に行う。また，自身の身体も含め，管理区域内のものは汚染されていると考え，不用意に手指や腕を口周りに当てたりすることのないよう注意する。さらに飲食，喫煙，化粧といった行為は意図せず RI を体内に取り込むおそれが高いため，管理区域内では厳禁である。

③ 経皮：皮膚や傷口を介した経路

　皮膚からの RI の吸収を防ぐためには，できるだけ皮膚の露出部分を少なくする。そのため，専用の作業着と手袋は必ず着用しなければならない。特に傷口がある場合は細心の注意が必要で，できれば取扱いをしない方が良い。

3) 内部被曝防護の 5 原則（3D2C の 5 原則）

　各経路を通して体内に取り込まれた RI は，親和性の高い臓器に沈着し，その臓器の組織および周りの臓器に放射線を照射し続ける。内部被曝の場合，透過力の高い X 線や γ 線よりも，透過力の低い α 線や β 線の方が危険性が大きく，特に注意が必要である。放射線防護上は，元素ごとの通常の代謝速度を反映した生物学的半減期に従って排出するものとされ，代謝の促進などの体外への排出速度の向上は考慮しない。体内に取り込まれた RI は，核種固有の壊変速度を反映した物理学的半減期と生物学的

半減期によって決まる有効半減期に従って減少していく。そのため，体内摂取を低減することが内部被曝への対策となり，3D2Cの5原則が提唱されている。

①　Dilute：溶媒や担体の添加により希釈する

②　Disperse：換気により分散する

③　Decontaminate：フードの使用や除染により除去する

④　Contain：グローブボックスや容器に収納して閉じ込める

⑤　Concentrate：使用していないRIを集中して保管する

4)　安全取扱いの注意点

　非密封RIを用いた作業であっても，基本的には通常の化学実験や生物実験での取

コラム

●マスク

　経気道，経口によるRIの取込みを防止する上で，マスクは極めて有効である。口と鼻の部分のみをカバーする半面マスクタイプと，顔全体をカバーする全面マスクタイプがある。前者は一般的であるが，後者の方が顔との密着性もよく，経皮吸収の防止にも有効で防護効果は高い。

　飛沫や粉末の摂取を防ぐには，不織布などの一般的な素材からなるマスクでも効果は十分期待できるが，たとえばエアロゾルのような微粒子の取込防止には，ガラス繊維からなる高性能フィルタを装着したマスクの方がより効果的である。また気体状の放射性ヨウ素が発生するおそれのある場合は，活性炭フィルタを装着したチャコールマスクが汎用される。活性炭フィルタは，活性炭にヨウ素（I_2）とヨウ化カリウム（KI）を添着したもので，放射性ヨウ素ガスのI_2やヨウ化メチルが通気すると，同位体交換により活性炭上に残存し捕集される。ほかにKIとトリエチレンジアミンを添着したものもある。

　このように内部被曝の防止においてマスクの着用は重要である。ただし，全面マスクやフィルタ装着マスクの使用によって，視界の制限などによる作業効率の低下を招き，作業時間の延長や作業ミスの誘発につながるおそれもある。作業全体から推定される被曝量を考慮するなど総合的に検討してマスクを選択する必要がある。

扱いと同じであるが，被曝や汚染などについては配慮しなければならない。非密封
RI の安全取扱いのために必要な知識としては，RI の性質，放射能の強さ，遮蔽の方法，
汚染や空間線量の測定などがある。また，放射線施設や設備に関する基本的な事項も
把握すべきである。

① RI の性質

　　非密封 RI を購入すると，その仕様書の中に化学的・物理的状態，保存方法など
が記入されているので，その内容に従って取扱う。密封線源（3.2.1「密封線源」参照）
では放出される放射線そのものの性質が重要であるが，非密封 RI の場合には，そ
の化学形態における物理的，化学的性質も把握する必要がある。物理的状態が気体，
液体，固体であるのか，化学形（無機および有機化合物）は安定であるか，保管中
の分解を少なくするにはどう保存すべきか，などをあらかじめ考慮しておく必要が
ある。液体の場合は溶媒の種類，pH，担体の有無，放射化学的純度，放射線分解
の度合などを把握する。

② 放射能の強さ

　　放射能は壊変によって指数関数的に減少していくので，使用時の放射能を計算
するためには半減期の把握が必要である。また，壊変によって新たに生成する核種
が安定核種か放射性核種であるかを知っておく必要がある。

③ 遮蔽の方法

　　RI から放出される放射線のうち，α 線や β 線のような荷電粒子の直接電離放射
線と，γ 線や X 線，中性子線のような間接電離放射線では，物質との相互作用が
違うため取扱いの方法もそれに対応して行う（2.1.3「放射線の種類と性質」参照）。
購入した RI の放射能から 1cm 線量当量率定数（1 MBq の放射能当たり，1 m の距
離における 1 cm 線量当量率）を用いて，作業場所の線量率を放射線源から 50 cm
の距離で見積もり，高い線量率になる場合には必要な遮蔽材を用意する。

④ 汚染や空間線量の測定

　　RI による汚染の有無や，空間線量の測定を迅速・簡便にできるようにサーベイ
メータの扱い方を熟知する（2.4.1「サーベイメータ」参照）。また，実験試料の放
射能を精度よく測定できる測定器の使用法を習得しなければならない。

⑤ 施設と設備

　　非密封 RI を取扱う放射線施設には，使用施設，保管施設，廃棄施設の３つすべ

てを設置することが法令によって定められている。これらの施設には立地条件から構造までの安全基準が定められている。施設内の空調設備などが完全に作動し，施設が正常に維持された状態で RI の取扱いの安全が担保される。施設内に備えられている設備や機器を有効に活用して安全取扱い上の注意事項を守らなければ，汚染や被曝が起こる可能性がある。

　外部放射線の線量，空気中の RI の濃度あるいは表面汚染密度が法令で定められている基準値を超えるおそれのある場所は，管理区域として一般の区域と標識，柵などで区画されている。管理区域では，人の出入りや物の搬出入が制限されており，特に非密封 RI 使用施設では汚染の拡大防止に注意が払われている。管理区域の出入口は通常 1 か所で，付近に測定器（ハンドフットクロスモニタ，サーベイメータ），手洗い場などの洗浄設備，除染用具（除染剤，爪ブラシなど），更衣設備を備えた汚染検査室がある（**図 3.1**）。ただし，火災などの非常時には，非常口が利用できるように設計されている。管理区域では，入退室者の記録および搬入搬出する RI の記録をする。また，施設の管理者により，毎月 1 回の頻度で空間線量率，表面汚染，

図3.1　汚染検査室

空気中のRI濃度のモニタリングが行われている。このモニタリングの結果は，通常，管理区域入り口付近に掲示されており，自分の使用する作業室がどのような作業環境にあるのかを知る有力な情報である。

　非密封RIの取扱いができる部屋を法令では作業室という。作業室の床，壁など，汚染されるおそれのある部分は，突起物，くぼみおよび仕上材の目地などのすき間の少ない構造とし，かつその表面は平滑で，気体または液体が浸透しにくい材料で仕上げることとされている。これは，汚染した場合に容易に除染するための対策である。また，十分な排気設備およびフード，グローブボックスなどを設けて，作業者の内部被曝の防止が図られている。なお，排気能力の違いなどにより，使用できる非密封RIの核種や数量は作業室ごとに異なるため注意すること。

3.1.2　作業計画と準備

1)　実験計画

　通常の化学実験や生物実験とほとんど同じであるので，常に安全な実験を心がけ，無理な計画を立てないことが大切である。RIを用いた実験で特に気をつけるべき事項は以下の通りである。

① 　被曝低減の観点から，取扱時間をできるだけ短くするような操作手順にする。

② 　実験の途中で必要な物を補充することは，汚染や事故につながりやすいため，事前に実験に必要な物（実験器具，遮蔽材，廃棄物を入れるポリ袋，サーベイメータなど）を揃える。

③ 　標識化合物を購入して使用する場合には，どのような標識化合物が販売されているのか，またどのような数量のものがあるのかなど，事前に日本アイソトープ協会のwebサイトなどで調べて，実験する日までに入手できるよう発注しておく。購入できる核種および数量，発注方法は施設ごとに異なるため，放射線管理室などに問い合わせる。

2)　コールドラン

　いきなりRIを用いて実験しないこと。対応する実験を，RIのみを用いずに全く同じ環境で行うことをコールドランと呼び，安全取扱いの上で大変重要である。実験操作に慣れている場合でも，はじめての実験の場合には必ず行うべきである。コールド

◆ コラム ◆

● アイソトープの流れ図

　RI の搬入から廃棄までは事業所によって異なるが，一般的な RI の購入から廃棄までの流れを実験者の動きと合わせて以下に示す。

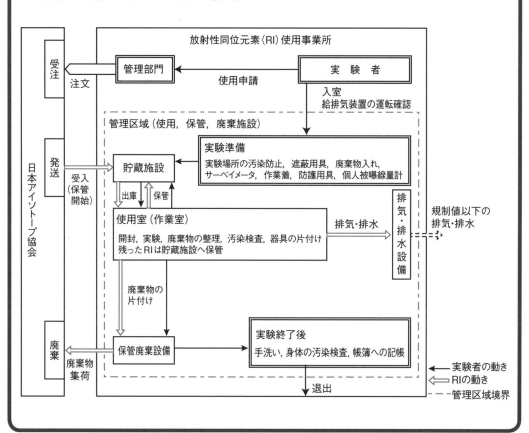

　ランにより，実験器具や試薬などの配置が適切であるか，必要な試薬はすべて揃っているか，実験操作に無理や無駄はないかの確認ができ，RI を用いる実験（ホットラン）をスムーズに行えるようになる。

3）　汚染対策

　実験に汚染はつきものである。気が付かないうちに飛沫が実験台や床の上に飛び散ることはよくある。また，チップが転がり落ちたり，ピペットから滴が落ちたりする。

大切なことは汚染の拡大防止と，早期発見および適切な除染である。対策としてポリエチレン濾紙を実験台の上に敷いたり，実験台やフードの前の床に敷いたりして汚染の拡大を防ぎ，除染を行いやすくすることがある。またポリエチレン濾紙を敷いたトレイをできるだけ利用するようにする。

4) 作業開始前の汚染検査

　放射線施設では，ほかの研究グループなどと作業室を共同で利用することも多い。自分の前に使用していた作業者は，汚染検査を行った上で片付けを行っているはずであるが，汚染の見落としや不十分な除染作業によって汚染が残っていることも考えられる。そのため，作業開始前には作業場所の汚染検査を実施することが望ましい。実験後には必ず汚染の有無を確かめ，汚染がある場合には除染を行う。詳細は，3.1.5「汚染の評価と除去」を参照すること。

表3.1　加速器のビーム損失に伴い生成する主な放射性核種

核種	半減期	主なターゲット材料	崩壊時に放出される主な放射線
^{60}Co	5.27 年	銅，鋼，ステンレス	β 線：318 keV，γ 線：1173，1333 keV
^{57}Co	271.7 日	ステンレス	γ 線：122，136 keV
^{54}Mn	312.2 日	鉄，ステンレス	γ 線：835 keV
^{64}Cu	12.7 時間	銅	β 線：579 keV，消滅放射線：511 keV
^{7}Be	53.2 日	アルミニウム	γ 線：478 keV
^{24}Na	15.0 時間	アルミニウム	β 線：1391 keV，γ 線：1369，2754 keV
^{22}Na	2.60 年	アルミニウム，コンクリート	γ 線：1275 keV，消滅放射線：511 keV
^{152}Eu	13.5 年	コンクリート	β 線：696 keV，γ 線：122，344，964，1408 keV
^{3}H	12.3 年	空気，冷却水	β 線：18.6 keV
^{11}C	20.4 分	空気，冷却水	消滅放射線：511 keV
^{13}N	9.97 分	空気，冷却水	消滅放射線：511 keV
^{15}O	122 秒	空気，冷却水	消滅放射線：511 keV
^{41}Ar	109.6 分	空気	β 線：1198 keV，γ 線：1294 keV

※　β 線のエネルギーは最大値，γ 線は放出強度の強いもののエネルギー
日本アイソトープ協会「アイソトープ手帳 12 版」を参考に作成

5) 遮蔽材

　一般的には，β 線のみを放出する核種の場合には厚さ 1 cm 程度のアクリル板，γ 線放出核種では厚さ 5 cm の鉛ブロックが使われる。鉛ブロックは放射線の漏洩がないよう，すき間なくかつ倒れないように積み上げる。重量物であるので，指などを挟まないように注意すること。

▌3.1.3　放射化物の安全取扱い

　加速器の運転によって空気中，冷却水中，加速器構造中に意図せず生成する RI を放射化物と呼ぶ。生成する主な放射性核種を表 3.1 に示す。短半減期のものは生成反応が単純でターゲット原子核近傍のものが多く，生成量が比較的多いため停止後の被曝評価に重要である。一方，比較的長半減期のものは生成量が比較的少ないものの，放射化物の性状を決めることから加速器の廃止措置において重要になる。通常の加速器の取扱いは 3.3「加速器の種類と特徴」に述べられているが，放射化物の取扱いについては非密封 RI と同様の安全対策が必要である。

▌3.1.4　RI の取扱い上の注意事項

1) 一般的な注意事項

　被曝や汚染を防ぎながら，RI を用いた実験を適切に行うために注意すべき具体的な事項を以下に述べる。

① 準備ができているか確認する

　必要な器具などの物品が揃っているかを，実験を行う前に確認する。実験後に RI で汚染された場合には持ち出せなくなるので，管理区域内で使用するものと管理区域外で使用するものに分け，できるだけ共有は避ける。

② 原則として 2 名以上で作業する

　実験は原則として 2 名以上で行う。1 名は RI を用いた実験操作を行い，もう 1 名は直接 RI を用いないで補助を行う。大規模な汚染事故やけがなどが起こった場合には，当事者は気が動転して冷静な対応がとれなくなることもある。やむを得ず 1 人で行わなければならない場合には，周りの人に声をかけたり，すぐ連絡が取れるようにしておく。

コラム

● ゴム手袋の着け方

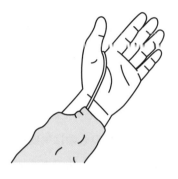 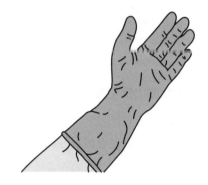

① 作業着の袖をしっかり伸ばして，袖部についている紐を親指にかける

② 手袋の裾を伸ばし，作業着の袖の部分をなるべく覆い隠すようにする

● ゴム手袋の外し方

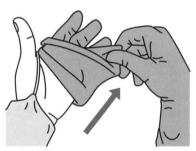 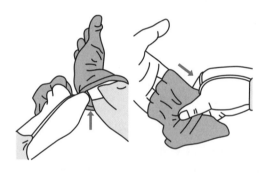

① 手袋をした手でもう一方の手袋の裾をつまんで，親指まで露出させる。このとき，手袋をしている指では，手袋の外側のみに触れるようにする

② 手袋をしていない指では，手袋の内側のみに触れるようにする。露出した親指は，反対の手の裾から手袋内部に入れて親指方向に移動させることによって外す

③　ゴム手袋を着用する

(a)　非密封 RI を扱うときには必ず手袋を着用する。手袋の裾を伸ばし，作業着の袖の部分をなるべく覆い隠すようにする。RI を扱った手袋の表面は汚染している可能性があることを常に認識すること。そのまま自分の髪や衣服，ドアのノブ，スイッチなどに触らない。汚染させてはいけないものに触るときには，ペーパータオルなどを介すとよい。

(b)　手袋を着けた手は，汚染の広がりや経口摂取を防ぐため，実験中もたびたび洗う。静電気が起こることもあるので，微粉末の試料の取扱いには注意が必要である。

(c)　ゴム手袋を外す際にも，手袋の表面は汚染している可能性があることを認識すること。手袋の外側では反対の手袋の外側のみを触れるようにし，手袋をしていない指では，手袋の内側のみに触れるようにする。

(d)　ゴム手袋の代わりにポリエチレン製の簡易手袋を使用することがあるが，破れやすいので目的に応じて使用する。

④　RI 容器を開封する際の注意

(a)　輸送用の箱から缶を取り出し，缶を開け遮蔽容器を取り出す。

(b)　ゴム手袋を着け，フード内のトレイの中で，ピンセット，トングなどを使って，遮蔽容器から RI の入った容器を取り出す。このとき，フードの窓はできるだけ下げ空気の逆流を防ぐ。また，放射線量が高いときには適切な遮蔽をする。

(c)　容器からの RI の漏れがないか確認する。

(d)　RI はバイアル，チューブ，アンプルなどに入っており，容器の開封方法は容器の種類によって異なる。アンプルはヤスリでガラスの一部を傷付け，傷を外側に曲げるように折って開封する。

⑤　器具の操作

(a)　器具の操作は落ち着いて丁寧に行い，汚染を起こしても慌てずに対応する。

(b)　洗浄して再使用する器具類は，実験の最後にまとめて洗う。その際に，洗浄水が跳ね返らないように注意すること。最後に器具類，流しの汚染検査をして汚染のないことを確認する。

⑥　RI 廃棄物の処理

実験で発生する RI 廃棄物は，あらかじめ専用のビニール袋を用意しておき，実験中から分別を心がけるようにする。実験終了後にはなるべく早めに処理する。詳細は 3.1.6「RI 廃棄物の分類」を参照すること。

⑦　汚染検査

実験終了後，使用した場所や床などの汚染を，直接法あるいは間接法により検査する。汚染があれば除染する。詳細は 3.1.5「汚染の評価と除去」を参照すること。

容易に除去できない場合には，放射線管理室に連絡し，その指示を仰ぐ。

　また，管理区域から退出する前には手をよく洗い，ハンドフットクロスモニタによる汚染検査で身体に汚染がないことを確認すること。

⑧　管理区域からの物品の搬出

　管理区域から物品を持ち出す前には，必ず汚染検査を行い汚染の有無を確認し，汚染のある場合には除染する。

2)　ライフサイエンス実験における注意事項

　ライフサイエンス分野においては，特に ^{14}C，^{32}P，^{35}S，^{125}I などで標識された化合物が使用される。使用の対象物が生体あるいは生体由来物質であるため，さらに純度や保管などにも注意しなければならない。RI で標識した化合物は，溶媒に溶解して使用することが多く，実験操作は開放系で行うため周囲を汚染する可能性が高い。特に必要な注意事項を以下に示す。

①　^{35}S，^{125}I の標識化合物は，その揮発性の分解物が容器内の空気層の部分に充満しているので，開封する前にガス抜きの操作を行う。

②　フードの外で行う高速遠心分離機，インキュベーション，電気泳動，高速液体クロマトグラフなどの機器の使用時には，ラップ，濾紙，ポリエチレン袋などを用いて，RI を含む溶液の飛沫の飛散や溶液の蒸発による汚染が起こらないように配慮する。

③　吸引のため真空機器を使用する場合は，真空ポンプのオイルが汚染するのを防ぐために，真空系の途中に適切なコールドトラップを設ける。

④　病原微生物を取扱うときには，RI の取扱いに注意するとともに無菌操作，消毒，滅菌が必要である。

⑤　動物実験において，人と動物間の相互感染の防止対策や RI 投与後の飼育管理などは，動物実験と RI の両者のマニュアルに従って実施する。

⑥　RI を使用した組換え DNA 実験においては，その実験内容について組換え DNA 実験を管理している組織の承認が必要であるため，放射線管理室と事前に相談する。

コラム

● ミルキングによる ^{99m}Tc の分取と放射平衡

^{99m}Tc は病院などの検査でよく利用されるが，半減期が短いため（6時間），使用頻度が高い場合などは，そのつど購入して使用するのは効率的ではない。そこでミルキングという操作によって，この核種を得ることが行われる。

RI は壊変してより安定な核種になるが，壊変してできた娘核種も不安定でさらに壊変する場合がある。親核種の半減期が娘核種の半減期よりもかなり長い場合には，娘核種は親核種の壊変により持続的に生じてその蓄積量が増すが，壊変も起こるため，やがて娘核種の生成率と壊変率が釣り合うようになる。この状態を親・娘両核種の放射平衡という。放射平衡にある親娘核種間では，生成してくる娘核種のみを分離して使うことができ，しかも親核種が残っている間は何度でも行える。この操作をミルキングという。^{99m}Tc の場合であれば，親核種の ^{99}Mo（半減期：66時間）をアルミナカラムに吸着させキット化した装置（ジェネレータまたはカウ）に，生理食塩水を注入すれば ^{99m}Tc のみを溶離し利用することができる。そのほかには，^{113}Sn → ^{113}In，^{68}Ge → ^{68}Ga，^{81}Rb → ^{81m}Kr などのジェネレータがある。

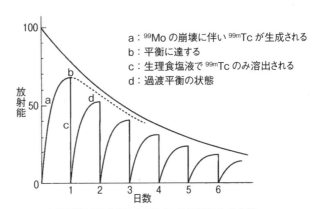

a：^{99}Mo の崩壊に伴い ^{99m}Tc が生成される
b：平衡に達する
c：生理食塩液で ^{99m}Tc のみ溶出される
d：過渡平衡の状態

^{99}Mo の放射能減衰曲線および ^{99m}Tc の放射能生成曲線

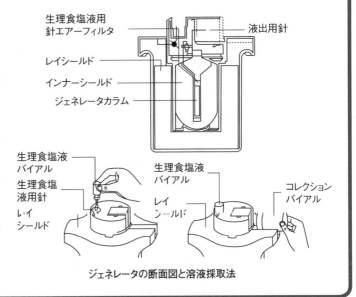

ジェネレータの断面図と溶液採取法

3) 医学利用における注意事項

　トレーサーとしての非密封 RI の使用量は減少しているが，医学分野における放射線・RI の使用は盛んで，今後も利用されると予測される。非密封 RI（放射性医薬品を含む）を医学研究用として使用する場合には，通常の非密封 RI の取扱いの場合と同じ RI 法の規制を受けるが，放射性医薬品として使用する場合には，医療法が適用される。

■3.1.5　汚染の評価と除去

1)　汚染検査の方法

　作業台，使用機器，床あるいは作業者の手や衣服が RI で汚染する可能性がある。汚染の拡大を防止するとともに，内部被曝が引き起こされることを避けるために，作業終了後はもちろん，作業中も随時，汚染の有無を確認しなければならない。

　場所や物の汚染検査の方法には，各種サーベイメータを用いて直接測定する直接法と，スミア濾紙を用いて拭き取って測定する間接法の二つがある。

①　直接法

　器具や床などの表面の汚染を，サーベイメータを用いて直接測定する方法をいう。サーベイメータ自体を汚染させないよう，操作する前には手をよく洗って，手に汚染がないことを確認すること。あらかじめ汚染のない場所でのバックグラウンド（BG）計数率および計測音（通常，数秒に 1 回の頻度）を把握しておき，検出部を表面から 1 cm くらいまで近づけ，ゆっくりと移動させながら測定する。検出部が対象物の表面に触れると汚染するおそれがあるので，注意すること。計測音の頻度が上昇した場合にはその場に静止させて計測する。サーベイメータには時定数があるため，検出器を素早く動かしすぎると放射線に反応しきれず，汚染を見逃してしまうことにも注意する。

　実験作業時には，電源を入れた状態のサーベイメータをそばに置いて，何かの折に指先や器具の表面汚染検査を行う習慣をつけておくことが，汚染の早期発見と拡大防止に効果的である。

②　間接法

　BG が高い場合には，直接法により汚染を発見するのが困難である。また，^{3}H などは β 線のエネルギーが低いため，直接検出できない。このような場合に，スミア

濾紙で表面をこすり，汚染を濾紙に移し取って測定する方法をいう。通常は，汚染検査する箇所の 10 cm 四方の範囲を拭き取るようにするが，より広範囲を拭き取ってもよい。汚染がある場合を想定して，拭き取る際にはゴム手袋を着用しておくこと。β 線放出核種は GM 計数管などで，γ 線放出核種は NaI（Tl）シンチレーション式検出器などで測定する。^{3}H や ^{14}C の場合には，液体シンチレーションカウンタやガスフローカウンタで測定する。

　なお，間接法で表面汚染の程度を定量化するには，測定器の感度補正に加えて，拭き取り効率を考慮する必要がある。拭き取り効率の正確な推定は難しいが，金属や樹脂などの非浸透性の表面については 50%，浸透性表面には 5% という値が使われることが多い。

　管理区域退出前の作業者自身の汚染検査には，ハンドフットクロスモニタ（**図3.2**）が用いられることが多い。多くは汚染検査室に設置されているため，まず，流しで手をよく洗い，ペーパータオルなどで水分をよく拭き取る。その後ハンドフットクロスモニタに乗り，両手および両足（スリッパの裏面）を測定する。続いてプローブを使用して，作業着あるいは衣服の汚染検査を行う。この場合の汚染検査方法は，サーベイメータによる直接法での測定と同じである。管理区域によって

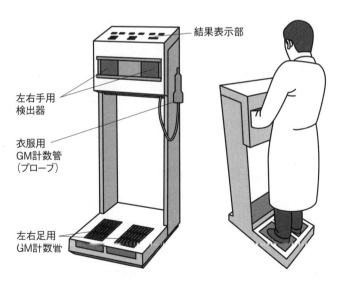

図3.2　ハンドフットクロスモニタ
非密封 RI を取り扱う管理区域の出入り口に置かれ，手足や衣服の表面汚染を検出するために用いられる。

は，退出の可否とハンドフットクロスモニタでの汚染検査結果が連動している場合がある。有意な汚染がある場合には，管理区域から退出できない施設が多い。

2) 汚染の評価

BG計数率と有意な差がなければ，汚染なしと判断できる。ただし，BG計数率にも変動があることを考慮する必要がある。サーベイメータを用いた直接法の場合，汚染検査の前にあらかじめBG計数率を測定しておく。このとき，時定数の3倍程度の時間が経過した後に計数率を読み取ること。

3) 物および身体表面の汚染除去

汚染が発見されたら，できるだけ速やかに除染する。時間が経つにつれて汚染が除去しにくくなることや，汚染の拡大を招くおそれがあるためである。ポリ濾紙で覆われている実験台などの汚染は，汚染箇所を特定して切り取り，新しいポリ濾紙に交換することで完了する。その他，汚染の除去には次のことに注意する。

① 場所・物品の場合

・廃棄物ができるだけ少なくなる方法で行う。

・汚染レベルの低い方から高い方へと順に除染する。

・表面を傷付けたり，損傷を与えたりしないよう注意する。

・短半減期核種による汚染の場合には，汚染を拡大させないようビニール袋に入れたり，表面を覆うなどして減衰を待つのも一つの方法である。

・ポリ濾紙を敷いていない場所にRIをこぼした場合，液体か粉末かで処理が異なる（処理方法はコラムを参照）。

② 人体の場合

・手足の場合には，中性洗剤を付け皮膚を傷付けないよう軽くこする。指先の場合には爪ブラシを用いるとよいが，傷付けないよう注意する。

・顔の除染の場合には，汚染が眼や口に入らないよう気を付ける。

・傷口，眼や粘膜の場合には大量の水で洗い流す。

・誤って飲み込んだり，吸い込んだりした場合には，まず吐き出す。

・傷口を汚染させたり，誤って飲み込んだり，吸い込んだりした場合には，速やかに放射線管理室に連絡する。

```
■コラム■
```

● RI をこぼした時の処理方法 (液体の場合)

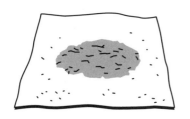

① ペーパータオルをかぶせて，液体を
吸収させる

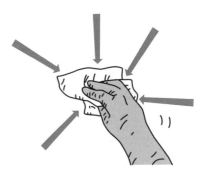

② 汚染を拡大させないように，残った
液体は外側から内側に向かって拭く

● RI をこぼした時の処理方法 (粉末の場合)

① 水で濡らしたペーパタオルを使い，
汚染を拡大させないよう，外側から
内側に向かって拭く

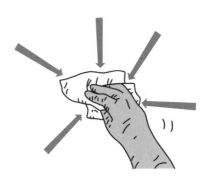

② 粉末を舞い上げないよう，静かに行う

4)　施設内運搬時の汚染発生への対策

　　事業所内外での RI などの運搬は，法令による規定がありそれに従って行うことに
なるが，日常的に行われている管理区域内での運搬については除外される規定が多
い。しかし，運搬途中での転倒や落下による破損事故・汚染発生も十分予測され，汚
染防止のための対策を講じなければならない。

① RIを入れたガラス瓶などの容器は，運搬用の箱に入れて吸収材などを敷いたトレイなどを用いて運ぶ。
② 線量が大きい場合には，運搬者の外部被曝線量を少なくするため，台車などを使用して距離をとる。

■ 3.1.6 RI廃棄物の分類

RIで汚染された廃棄物はすべてRI廃棄物として扱う必要がある。固体・液体の廃棄物は，日本アイソトープ協会が示している分類（巻末付録③参照）に従って分別し保管廃棄設備で保管する。

そのほかに，日本アイソトープ協会では放射性医薬品を医療のために使用して発生する医療RI廃棄物を別途集荷している。ドラム缶の色は異なるが，分類の方法などは同じである。

RI廃棄物を日本アイソトープ協会に委託廃棄する際には，各施設の管理担当者が関与することが多いため，その指示に従うこと。利用者が留意すべき一般的な事項は以下の通りである。

① 廃棄物はビニール袋に詰めて，フード内で空気を抜くなどの処理を行い，なるべく減容する。ただし，破砕などの減容処理を行ってはならない。
② 廃棄物にはピペットチップなどRIの液体が付着しているものも多く，分別時に手や周辺を汚染させることがある。そのため実験中から分別を心がけ，なるべく詰め替え作業を行わないようにする。
③ RI原液など高濃度の溶液は，少量の飛沫が飛び散っただけでも大きな汚染となるおそれがある。その際には，フード周辺の足下にもポリ濾紙を敷くなど，汚染対策に特に注意する。また，処理後には手・足・周辺の汚染検査を十分に行うことを特に心がけるようにする。
④ RI廃棄物の内容（核種，数量，品名など）は，廃棄物を発生させた者が一番よくわかる。発生者は，廃棄の記録をできるだけ正確に記載する。
⑤ 注射針などは缶などにまとめて入れること。感染のおそれのあるものは滅菌すること。
⑥ 無機廃液のpHは2～12に調整すること。pH調整には塩酸を使用してはならない。
⑦ 動物は床敷や血液なども含めてすべて回収し，乾燥処理をする。

■ 3.1.7　管理区域外における下限数量以下の非密封 RI の使用

　次項に述べるように，RI を意図的に管理区域外に持ち出して使用することは，下限数量以下に小分けされたものであっても行ってはならない。ただし，事業所があらかじめ管理区域以外での下限数量以下の非密封 RI の使用許可申請を原子力規制委員会に行い，許可を受ければその使用の目的，方法，場所の範囲内で使用できる。また，非密封 RI の使用許可を得ていない事業所において，下限数量以下の RI を購入して実験などに使用することについては法規制の対象外であるため可能である。ただし，管理責任者の選任や，使用者への教育訓練などの管理を行うことが必要であることはいうまでもない。詳細は，日本アイソトープ協会の web サイトにある「使用許可を持たない施設における下限数量以下の非密封 RI の使用に関する安全取扱マニュアル」を参照されたい。

■ 3.1.8　事故事例と安全対策

　近年，法令に基づく報告対象となる非密封 RI の事故で多く発生しているのは，管理区域外への漏洩である（**表 3.2**）。

　排水管から管理区域外への漏水の事例がもっとも多い。これは RI 施設の老朽化に伴う事例がほとんどである。特に地下埋設型の配管や貯留槽を使用している施設では，地震や樹木の根の生長に伴う亀裂など，設計時には予想しにくい事象が原因となっている。排水の漏洩は周辺の土壌などの汚染をもたらし，測定作業，除染作業に多大な労力を要する。さらに，汚染した土壌は RI 廃棄物としての処理を要するため多大な費用を要することになる。最近は老朽化した放射線施設も多く，利用者は，RI が含まれていることが明らかな溶液は保管廃棄するように配慮しなければならない。

　また，RI の意図的な管理区域外への持ち出しも，管理区域外への漏洩として法令に基

表3.2　管理区域外への RI の漏洩事故事例とその安全対策の例

事故事例	安全対策の例
排水管から管理区域外への RI 排水の漏洩	RI が含まれる廃液は保管廃棄するよう指導を徹底
RI の管理区域外への意図的な持ち出し	① 教育訓練の強化による遵法意識の向上 ② 管理区域入退出の厳格化 ③ 持ち出し物品の申告 ④ 退出時の映像記録と表示 ⑤ 使用計画書の審査の厳格化

づく報告対象となる。ある大学で起きた事象は，学生が管理区域内でRIを用いて作成した測定試料を，管理区域外の実験室で測定するために持ち出したことであった。当該学生が「持ち出してはいけないことは認識していたが，試料の作成に使用したRIに比べてごく少量であり，これくらいならば大丈夫であろう」との認識を持っていたことが原因であった。結果として，管理区域外の実験室や，一般の廃棄物にも汚染があり，下水管などの汚染検査も行われるなど，原状回復に多大な労力と費用を要することになった。原状回復までの間は，ほかの利用者を含めて放射線施設全体でRIの使用を自粛することになる。利用者の身勝手な行動が，管理者のみならずほかの利用者にも迷惑をかけることを意識した行動をとらなければならない。

3.2 密封されたRIの安全取扱い

▌▌3.2.1 密封線源

　密封線源とは，RIをアクリルや金属などのカプセルに封入するなどし，RIが容易に漏出しないような措置を講じたものである。密封線源に関する日本工業規格『JIS Z 4821-1：2015 密封放射線源－第1部』では，密封線源とは「設計に従った使用において，設計条件での放射性物質の散逸を避けるため，カプセルに密閉するか，支持材に結合して一体化した放射線源」と定義されている。密封線源メーカーは，線源を使用する目的や方法，環境条件を想定し，その条件下で密封性が保たれるよう密封線源を設計・製造している。したがって，密封線源はあらゆる使用条件でその密封性が担保されるものではなく，密封線源を使用する者は密封線源の構造や使用可能な用途・方法などを熟知した上で取扱うことが重要である。

　密封線源を使用する際には，体外にある線源からの被曝（外部被曝）に注意しなければならない。可能な限り外部被曝線量を低減するためには，表3.3に示す対策を合理的に組み合わせることが重要である。また，電離箱式サーベイメータやNaI（Tl）シンチレーション式サーベイメータなどを常に携行して作業場所の1 cm線量当量率（μSv/h）を測定し，適宜異常がないか確認することが望ましい。

表3.3 外部被曝線量低減のための対策

外部被曝線量を低減する方法	対策による効果（例）	解　説
取扱時間を短くする	縦軸: 外部被曝線量 / 横軸: 取扱時間(h) 0〜5	外部被曝線量は，密封線源の取扱時間に比例する。以下のような方法で取扱時間を短くすることが重要である。ただし，ピンセットを使わずに素手で取扱うなどの行為は，取扱時間の短縮にはなっても，作業全体での外部被曝低減措置にはならないことがあるため注意が必要である。 ・専用の用具などを利用して作業効率を高める。 ・コールドラン（密封線源を取扱う前に，ダミー線源などを用いて同様の作業を行うこと）により作業手順を熟知する。 ・使用しないときは収納容器などに格納する。
作業者と密封線源の距離をとる	縦軸: 外部被曝線量 / 横軸: 密封線源からの距離(cm) 0〜50	外部被曝線量は，密封線源と作業者の距離の2乗に反比例する（逆2乗の法則）。ピンセット，トング，るつぼ挟みなどを利用して，可能な限り距離をとることが重要である。
作業者と密封線源の間に遮蔽材を置く	縦軸: 外部被曝線量 / 横軸: 遮蔽物の厚さ(cm) 0〜5	外部被曝線量は，密封線源と作業者の間に遮蔽材を置くことで低減することが可能である。使用する放射線の種類によって適した遮蔽材は異なるため，注意が必要である（下図）。

α線を止める: 紙　β線を止める: アルミニウムなどの薄い金属板　γ線X線を止める: 鉛や厚い鉄の板　中性子線を止める: 水，コンクリート，ポリエチレンなど

α線 β線 γ線X線 中性子線

■ 3.2.2 密封線源の種類と用途

　密封線源は煙感知器や非破壊検査などの幅広い用途に利用されており，放出される放射線の種類によりα線源，β線源，γ（X）線源，中性子線源などに区分される。RIを装置に装備したものを放射性同位元素装備機器といい，主な放射性同位元素装備機器例は**表3.4**および**図3.3 〜 3.5** のとおりである。

■ 3.2.3 日常点検

　密封線源の破損や紛失，盗難などの異常事態を防止するためには，サーベイメータなどを用いて密封線源の個数や作業場所の1 cm 線量当量率（μSv/h），汚染状況などを日常的

表3.4 主な放射性同位元素装備機器

機器名	利用分野	核種 （利用する放射線の種類）	放射能
厚さ計	鉄鋼，パルプ，紙，化学，非鉄金属	^{85}Kr（β） ^{90}Sr（β） ^{147}Pm（β）	〜37 GBq 〜3.7 GBq 〜37 GBq
		^{137}Cs（γ） ^{241}Am（γ）	〜1.11 TBq 〜185 GBq
密度計	化学，パルプ，紙，鉄鋼，研究機関	^{137}Cs（γ）	〜18.5 GBq
水分計	鉄鋼，ガラス，土木，化学	^{241}Am/Be（中性子） ^{252}Cf（中性子）	〜18.5 GBq 〜3.7 MBq
静電気除去装置	化学	^{210}Po（α）	370 MBq
非破壊検査装置	非破壊検査サービス，機械，鉄鋼	^{60}Co（γ） ^{169}Yb（γ） ^{192}Ir（γ）	〜370 GBq，740 GBq，1.85 TBq 〜370 GBq 〜370 GBq，740 GBq，1 TBq
ガスクロマトグラフ分析装置	教育・研究機関，食料品，計測サービス，化学	^{63}Ni（β）	370 MBq，555 MBq
血液照射装置	医療機関，研究機関	^{137}Cs（γ）	185 TBq
ガンマナイフ	医療機関	^{60}Co（γ）	1.11 TBq×192個 （または201個）
リモートアフターローディングシステム（RALS）	医療機関	^{192}Ir（γ）	370 GBq

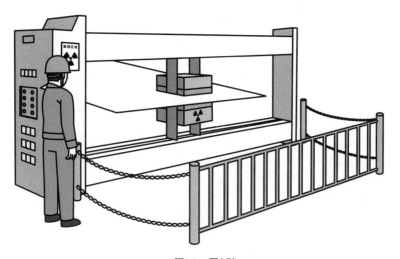

図3.3　厚さ計

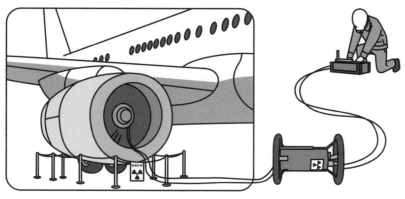

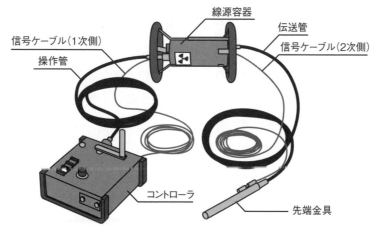

信号ケーブル（1次側）
操作管
線源容器
伝送管
信号ケーブル（2次側）
コントローラ
先端金具

図3.4　非破壊検査装置

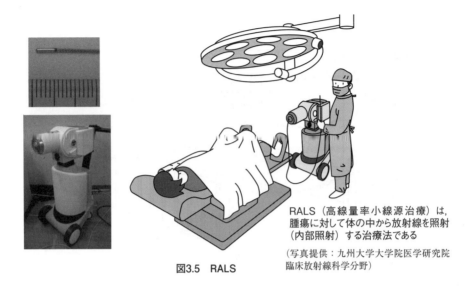

RALS（高線量率小線源治療）は，
腫瘍に対して体の中から放射線を照射
（内部照射）する治療法である

（写真提供：九州大学大学院医学研究院
臨床放射線科学分野）

図3.5　RALS

に点検することが重要である。これらの点検を行うことで，密封線源の個数は帳簿通りか，作業場所に密封線源を置き忘れていないか，密封線源の破損により周囲に汚染が広がっていないかなどを確認することが可能である。具体的な測定方法については『はじめての放射線測定』（発行：日本アイソトープ協会）などを参考にするとよい。

■3.2.4　使用上の注意点

1）　破損防止

　　低エネルギーのγ（X）線を放出する核種を除き，γ（X）線源や中性子線源は，比較的厚く物理的強度の高いカプセルに封入されているものが多い。一方，α線やβ線は物質の透過率が比較的小さいため，α線源やβ線源の中には，**図3.6**のように線源構造の一部に薄いフィルムなどを用いて窓部を構成し，その部分のみから放射線が放出されるよう設計されているものもある。このような線源は窓部に直接触れないことを前提に設計されるのが一般的であり，窓部が傷つくとRIが漏洩しやすくなるため，取扱いには細心の注意が必要である。

2）　ワーキングライフ

　　密封線源には試験成績書などが添付されており，その中にはワーキングライフが記載されているものがある。ワーキングライフの定義については，日本工業規格『JIS Z 4821-1：2015 密封放射線源 – 第1部』に記載されている。ワーキングライフは使

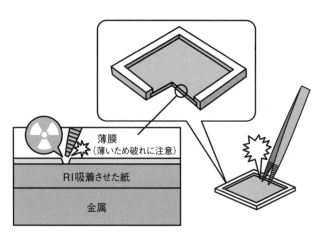

薄膜
（薄いため破れに注意）

RI吸着させた紙

金属

図3.6 破損防止

用期限を示すものではないが，その密封線源の使用目的や方法などを考慮して製造者が設定した推奨使用期間であり，この期間を参考に密封線源の買い替えなどを検討するとよい。

3) 破損などの異常事態の発見

破損などの異常事態を発見するためには，目視確認に加え，線源表面または線源容器などの表面汚染を検査することが望ましい。このような検査は，使用前後に加え，日常的にも実施することが望ましい。汚染検査の方法としては，サーベイメータなどで取扱場所または線源容器を直接測定する方法（直接法）や，線源表面や線源容器をスミア濾紙などで拭き取ったものをサーベイメータなどで測定する方法（間接法）が有効である（3.1.5「汚染の評価と除去」参照）。ただし，線源を直接取り扱う場合には，ピンセットなどで線源表面を傷つけたり，作業者の被曝線量が増加したりするリスクを伴うため，十分な注意が必要である。汚染の恐れがある場合は，直ちに使用を中止して放射線取扱主任者に報告する。汚染が確認された場合は，汚染の拡大を防止する措置を講じ，必要に応じて日本アイソトープ協会などに問い合わせるとよい。

4) 紛失の防止

密封線源を紛失しないためには，随時線源の個数を確認することや，適切な管理帳簿への記帳が重要である。使用前後に取扱場所をサーベイメータなどで測定すれ

ば，線源の置き忘れやダミー線源（密封線源と同じ形状をしたもので，RI を封入していないもの）と誤認する事故を防止することが可能である。また，使用や保管の都度，忘れずに帳簿に記帳することで，人為的なミスを防止することができる。このためには，日常的に記帳しやすいよう，帳簿様式やその設置場所を工夫することが重要である。

■ 3.2.5 事故事例と安全対策

密封線源による事故として，紛失，被曝などがたびたび発生している。過去に発生した事故およびその安全対策例を**表 3.5** に示す。

表3.5 過去に発生した事故事例とその安全対策の例

事故事例	安全対策の例
密封線源の紛失 　長期間使用せず保管のみを行ってきた密封線源を廃棄することとし，日本アイソトープ協会に引き渡したところ，密封線源 3 個のうち 1 個がダミー線源であり，紛失していることが判明した。調査の結果，過去に施設変更に伴い線源を移動した際に，すでにダミー線源と入れ替わっていた可能性が高いことがわかったものの，本線源を発見することはできなかった。	① 色や表示を付けるなど，密封線源とダミー線源を容易に判別するための工夫 ② 使用後，使用場所に線源が残っていないことをサーベイメータなどにより確認 ③ サーベイメータなどを用いた定期的な在庫確認 ④ 事故を想定した（または事故事例を題材にした）実効性のある教育訓練
不用意な接近による外部被曝 　非破壊検査装置を使用した後，密封線源が装置内に完全に収納される前に装置に近づいたため，作業員 2 名が計画外の外部被曝をした。外部被曝線量は約 30 mSv であった。	① 作業実施手順の再確認（見直し） ② 装置に近づく場合のサーベイメータなどの携行 ③ 事故を想定した（または事故事例を題材にした）実効性のある教育訓練
不適切な取扱いによる外部被曝 　放射線業務従事者 2 名が，治療用の ^{192}Ir 密封線源を運搬容器から治療用照射装置に収納する交換作業を遠隔操作で行っていた。エラーが発生したため使用室に入室し，密封線源を引き出しワイヤーなどの点検を行っていた際，誤って密封線源に直接触れて外部被曝した。外部被曝線量は，全身で 2.3 mSv，手指で 370 mSv と推定された。	① 運搬容器および照射装置の取扱注意点の再確認 ② 入室時および作業中のサーベイメータなどの携行 ③ 事故を想定した（または事故事例を題材にした）実効性のある教育訓練

これまでに，医療機関で使用する小線源，研究機関などで使用するガスクロマトグラフ用 ECD セル（^{63}Ni）および管理区域外に持ち運んで使用する放射性同位元素装備機器などの紛失が比較的多く発生している。被曝事故については近年発生件数が減少しているが，非破壊検査装置や治療用照射装置の取扱中または点検中に発生した事例がある。また，密封線源であっても，不適切な取扱いや長期使用などにより密封性が損なわれる事例がある。そのほかの事例として，許可または届出を行っていない密封線源が管理区域または一般の区域で発見されることがあり，事業所内に管理されていない密封線源がないかに着目した点検も重要である。

3.3 加速器の種類と特徴

加速器とは，電子や陽子，α粒子，重粒子などの荷電粒子を加速して，大きな運動エネルギーを持ったビーム（粒子束）を作り出す装置である。

2018 年 3 月現在，日本には 1755 台の加速器が存在している。このうち 75.3 ％が医療機関に設置されており，大部分が直線加速装置（リニアック）であり，総数に占める割合は 75.4% となっている。次に台数が多いのはサイクロトロンであり，総数 242 台のうち 160 台が医療機関に，残りが研究機関，民間企業などに設置されている。ほかにコックロフト・ワルトン加速器，ファン・デ・グラーフ加速器，シンクロトロンが，教育機関，研究機関などに設置されている。

医療機関に設置されている加速器は主にがんの診断・治療を目的としている。教育機関，研究機関，民間企業に設置されているものは研究用または産業用として，原子核・素粒子実験，RI の製造，イオン注入による材料改質や元素分析，滅菌などの，さまざまな用途に利用されている。

以下に，これらの代表例として直線加速装置とサイクロトロンについて，その動作機構と特徴を簡単に述べる。

3.3.1 直線加速装置（リニアック）

図 3.7 に医療用として用いられている直線加速装置（リニアック）の模式図を示す。

この加速器は，大電力のマイクロ波を加速管（ディスクでセル構造を持たせた円筒状の金属筒）に入力することにより生じる高周波電場で，電子銃からの電子を加速する。加速

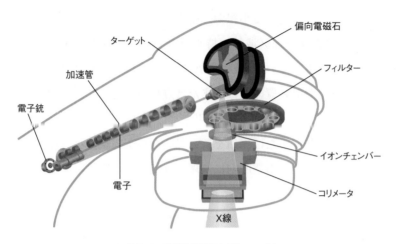

図3.7　直線加速装置（リニアック）

された電子は偏向電磁石で向きを変えられた後に，高原子番号のターゲットに入射され，制動放射によりX線を生成する。X線はフィルターで不要なエネルギー成分を除去され，イオンチェンバー（電離箱）で強度をモニターされ，コリメータで必要な照射野に整形されて治療に供される。

　加速に高周波電場を用いることにより，数10 MV/mと加速勾配を大きくとることができ，1〜2 mの全長で，治療用途の数10 MeVの電子を加速することができる。これにより加速器部分を小型化し，回転させて治療ビームを異なる方向から入射させることができる。このため照射方向が変化することに注意が必要である。

3.3.2　サイクロトロン

　図3.8にサイクロトロンの模式図を示す。サイクロトロンは，磁場を用いて円形軌道上に粒子を閉じ込め，高周波電場を用いて粒子（イオン）を繰り返し加速する。1930年にE. O. ローレンスが考案した。

　図3.8に示すように，平たい円筒形の金属箱を半分に切った電極（ディー）を磁場の中に置く。中心のイオン源から発生した荷電粒子が2つのディーのすき間に達したときに加速されるように，ディーに電圧をかける。この電圧は粒子がディーの中を半周して再度隙間に達したときには逆向きになり，さらに加速するような高周波交流で誘起する。加速に伴い粒子の軌道半径は大きくなるが，速度も上がっているので各半円を通過する所要時間は変わらず，そのために，高周波の周波数を変えずに繰り返し加速できる。

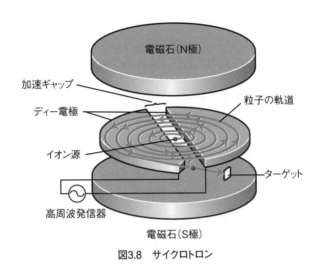

図3.8　サイクロトロン

●大型加速器　SPring-8 放射光リング

　高エネルギー(数 GeV 以上)の大型加速器は，一般に複数の種類の加速器を組み合わせて構成される。例として SPring-8（Super Photon ring-8）の放射光リングを示す。

　放射光とは，光速に近い速度の電子が進行方向を曲げられる際に，その方向に発する強い光のことである。電子はリニアックで 1 GeV に加速された後に，シンクロトロンに入射され 8 GeV まで加速される。この電子は周長 1436 m の蓄積リングに入射され，繰り返し曲げられることにより太陽光の 1 万 ～ 1 億倍の明るさの光を放出する。

　放射光を利用するビームラインが 57 本あり，物質構造・生命科学などの実験に利用されている。

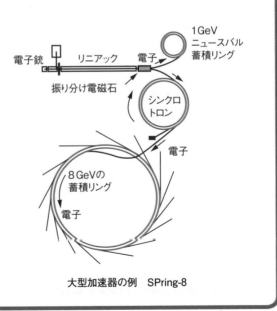

大型加速器の例　SPring-8

10 MeV くらいまでの小型なものが，RI の製造装置，医療用，産業用の照射装置として広く用いられている。これよりエネルギーを上げるために磁極の形状を工夫したもの（AVF サイクロトロン，リングサイクロトロン）が，原子核実験の装置として用いられている。加速された粒子のエネルギーが高いことから，ビーム取り出し部分でのビーム損失による放射化（3.3.3「加速器からの放射線」参照）に注意する必要がある。

▌3.3.3　加速器からの放射線

加速器による放射線は，①加速されたビーム自身と，②ビームにより照射を受けたターゲットなどにおける核反応から生成するもの（二次放射線），③ビームおよび二次放射線による核反応で生成した RI（残留放射能）から発生するものがある。このうちもっとも強度の強い①のビームと②の二次放射線は加速器を停止すればなくなるが，③の残留放射能による放射線は停止後も存在するので注意が必要である。加速器停止後の加速器室・照射室への入室に際しては，線量を確認し，高線量の場合は短半減期核種の減衰を待つなどの対策が必要である。

二次放射線と残留放射能の生成は，加速する粒子の種類とエネルギーにより大きく異なる。

電子を加速する電子加速器の場合は，二次放射線の主なものは制動放射線（制動 X 線）である。エネルギーの比較的低い制動放射線は，鉛などの原子番号の大きい材質を用いて止めることができる。電子の加速エネルギーが 10 MeV を超えると，制動放射線が原子核反応（光核反応）を起こすことにより，中性子が生成し，また残留放射能の影響が無視できなくなる。

陽子，重粒子を加速する粒子加速器の場合は，二次放射線の主なものは核反応による中性子である。中性子は非荷電粒子であることから透過力が大きく，また中性子捕獲反応を経て空気や周囲の物質を放射化させる。中性子の相互作用を記述する断面積データが核種ごとに整備されており，これを用いて必要な遮蔽の厚みや放射化の量を求めることができる。天井方向の遮蔽が薄い場合は透過した中性子が大気で反射され，周囲の地上部の線量率を上げることがある。この現象をスカイシャインと呼び，加速器の施設設計において重要である。

▌3.3.4　加速器を安全に使用するために

加速器を安全に運転し使用するためには，使用者が運転マニュアルに従い定められた手

順で運転操作を行うことが重要である。以下に加速器の使用において留意すべき事項をまとめる。

1)　被曝の低減・防止

　　加速器からの放射線による被曝は，運転中の放射線によるものと，停止後の残留放射能（放射化）によるものに大別される。

　　運転中の放射線による被曝は，その強度が大きいことから重篤な影響を及ぼすことがある。これを防止するためには，加速器の運転状態を正しく把握することが重要である。加速器本体室，照射室に立入る場合は，当該室の運転が行われていないことを運転室で確認することはもちろん，下記の機器を正しく利用する必要がある。なお①と②は法令で設置が義務付けられた装置であるが，③と④は施設によって状況が異なる。

①　自動運転表示：加速器本体室・照射室の入り口などで運転状態を自動的に表示する装置。扉を開ける前に，入室禁止でないことを確認する。

②　扉スイッチ：加速器本体室・照射室の扉の開閉状態を取得するためのスイッチで，運転時に閉鎖した室の扉の開閉を監視し，扉が開放された場合は，自動的に加速器を停止する装置。管理者以外は触ってはいけない。

③　放射線モニター：加速器本体室，照射室や室外の放射線量を表示し，警報を発する装置。線量率が十分低いことを確認してから立入る。警報を発したら直ちに退避する。

④　個人鍵：加速器本体室・照射室の入り口の鍵を加速器運転の起動鍵と共通にし，入室時にこれを携帯することにより加速器の運転を行えないようにする装置。入室する際には必ず携行すること。

　　これらの機器はインターロックシステムによって制御されており，異常があった場合は自動的に加速器が停止され，過剰な被曝を防いでいる。インターロックを解除するなどの行為は人命に係わるものであり，絶対に行ってはならない。

　　立入後の運転再開においては，加速器本体室，照射室の無人確認，閉鎖を確実に行う。万が一加速器本体室，照射室に閉じ込められた場合は，非常停止ボタンを押し，扉を解錠して速やかに退出する。

　　停止後の残留放射能による被曝の低減のためには，加速器本体室，照射室の入室前

に室内の放射線量を正しく把握する必要がある。このためには、放射線モニターの指示値の確認を行うとともに、電離箱式や NaI (Tl) シンチレーション式のサーベイメータを携行して、立入場所の放射線量を把握することが望ましい。放射線量の高い場所はビーム取り出し機器やターゲットなどの定常的ビーム損失がある場所なので、加速器の構成を理解し、これらの場所をあらかじめ知っておくことは有用である。

2) 放射線安全設備の点検

　被曝の低減・防止を確実に行うためには、加速器に備えられている放射線安全設備が正しく動作することが重要である。このためには装置の定期的な点検に加え、使用時の確実な動作の確認が必要である。定期的な点検では、遮蔽壁・局所遮蔽が正しく設置されていること、個人鍵、扉スイッチ、非常停止スイッチなどのインターロックシステム、自動運転表示が正しく動作することを確認するとともに、放射線モニターの指示値を校正する。

▌3.3.5　放射化

　ターゲット、コリメータやビーム取り出し機器などの加速後のビームが損失する部分は、運転直後に強い放射能を持つことがある。これらの取扱いが必要な場合は、3.1 「密封されていない RI の安全取扱い」を参照し、汚染と被曝の防止に努める必要がある。また、中性子などの二次粒子にさらされた機器が放射能を持つ場合は 3.2 「密封された RI の安全取扱い」の密封線源の安全対策を参照し、取扱いを行う。

　表 3.1 に空気中、冷却水中、加速器構造材中に生成する主な残留放射能をまとめてある。短半減期のものは停止直後の放射能が強いため、減衰を待つなど、被曝低減対策が重要である。また、生成核種には γ 線を放出しない核種もあるので、放射能を測定する場合は検出器の選定に注意が必要である。

▌3.3.6　事故事例と安全対策

　加速器の運転に係る被曝事故としては、これまでに、インターロックの故障によるもの、高電圧の印加に伴う暗電流によるもの、作業中の誤照射によるもの、機器の誤動作によるものがあった。表 3.6 に国内外のいくつかの事故事例とその安全対策の例についてまとめる。

　これらの事例では、機器の故障・誤動作とコミュニケーション不足、予期せぬ動作、な

表3.6　国内外の加速器施設における事故事例とその安全対策の例

事故事例	安全対策の例
1967 年に米国のファン・デ・グラーフ加速器において，故障した水冷システムを修復するため，安全インターロックシステムの故障に気がつかずに加速器室に入室し，3名が全身にそれぞれ1，3，6 Gy の被曝を受けた。 　このうち1名は手に 59 Gy の局所被曝，足に 27 Gy の局所被曝を受け，手と足に広範囲の皮膚障害を発症し，四肢の部分切断を余儀なくされた。	① インターロックシステムの定期的な点検 ② サーベイメータなどによる作業場所での放射線量の確認 ③ 運転状態の確認
1978 年に旧ソ連のレニングラードにおいて，電子リニアックの照射後に高圧供給を保持したまま入室が行われ，背中 20 Gy，胸 8 Gy の被曝を受けた。これは暗電流による被曝と推定された。脊髄に対する重篤な放射線障害の徴候が 6 か月後に見られた。	① マニュアルに基づいた作業 ② サーベイメータなどによる作業場所での放射線量の確認
2001 年に東京都の国立病院において医療用リニアックの調整を行っていた際，リニアック CT 室の天井裏に作業員が入っていることに気付かず，照射テストを行ったため，作業員が被曝した。急性症状はなく，全身の平均線量で 200 mSv を超えないと推定された。	① サーベイメータなどによる作業場所での放射線量の確認 ② 使用開始前に運転管理体制を確立する
2008 年に愛媛県でサイクロトロンの冷却用チューブの修理作業の際に，デフレクタ電極の周囲で作業を行っていた1名が 52 mSv の被曝をした。	① サーベイメータなどによる作業場所での放射線量の確認 ② 警報付個人線量計の携行
2013 年に大強度陽子加速器施設において，ビーム取り出し機器の誤動作により，短時間でビームが取り出され，ターゲットの除熱が間に合わず一部が溶けた。これによりターゲットに蓄積されていた RI が揮発し，遮蔽の隙間から漏れ出して実験者に最大 1.7 mSv の内部被曝を生じ，微量が敷地外へ漏洩した。	① ターゲットの密閉とビームライントンネルの気密 ② 潜在的危険性の把握と共有

どの原因が複合して被曝を招いていることが多い。予期せぬ動作については事前に対策をとることは極めて難しいが，機器の点検・校正などを行い機能の維持に努め，作業者間でのコミュニケーションを十分にとって，施設・装置の能力，潜在的危険性（電源の能力，保持している放射能の量など）を理解して作業にあたることが，被曝防止への一助となると考えられる。過去の事故事例を学び，同様な事故を決して起こさないように努めなければならない。

第4章 人体への影響

4.1 放射線障害の歴史

　レントゲンによるX線の発見から間もなく，医療分野などにおいて放射線の利用が開始されたが，人類はその利用のリスクも同時に認知することとなった。すなわち，X線発見のわずか数か月後には火傷や脱毛が発生することが知られるようになり，記録によれば，発見から5年間でX線による障害事例は170に達したという。また，このような障害の治療にあたっていた医師の中には，X線ががん治療に有効であると考え治療に用いる者も現れた。がん治療の試みは，X線発見から1年以内に始まったという。

　X線発見から10年後の1906年，J.A. ベルゴニーとL. トリボンドーはラットへのX線照射影響を調べる過程で，放射線感受性の臓器間差異（4.3.5「臓器・組織による放射線感受性の違い」参照）とX線照射による細胞のがん化の二つの重要な発見をした。これとほぼ時期を同じくして，X線による皮膚がんや白血病の発生などが相次いで報告された。このような状況を受け，1928年に国際X線・ラジウム防護委員会（現在の国際放射線防護委員会の前身：5章コラム参照）が設立され，X線の耐用線量（Tolerance Dose：被曝しても長期にわたり障害が現れないとされたX線量。当初は1か月当たりの被曝線量が皮膚紅斑が現れる線量の1/100以下であれば安全とされていた。現在の等価線量限度，実効線量限度の考え方に近い）が決められた。また，1927年にH.J.マラーらは，ショウジョウバエにおいて，X線の照射線量に応じて次世代の形質に現れる変異率が比例的に上昇することを見出した。現在のLNTモデル（4.3.4「確率的影響」参照）につながる発見である。その翌年には，L.J.スタッドラーがオオムギにおける遺伝子変異の誘発を発表した。これらが契機となり，人工放射線を用いた変異誘発による遺伝学の研究や，放射線による品種改良が活発化した。

　1930年代に入ると，米国の時計工場で，ラジウムを含む夜光塗料を用いた文字盤の塗装をしていた女工たちの間で，骨肉腫が多発していることが報告された。これにより内部

被曝による発がんがはじめて世に知られることとなった。その後も放射線利用の幅は広がり続けたが，それと同時に報告される障害事例も増加していった。

1945年8月6日には広島に，同月9日には長崎に，原子爆弾が投下された。その被爆者への疫学調査（寿命調査：Life Span Study，LSS）などの長期にわたる追跡調査から，高線量・高線量率の放射線被曝による早期組織反応（急性影響）や，数年から数十年を経て発生する遅発性組織反応（晩発影響）に関する実態が明らかとなってきた。

その後現在においても，人類は放射線を継続して利用しており，そこから多大な恩恵を享受している。しかし，1986年のチェルノブイリ原発事故や，1999年の東海村核燃料施設における事故，そしてたびたび発生する医療現場における過剰被曝事故など，大量の放射線被曝による死傷者は近年においてもなお発生している。

このように，放射線利用の歴史と放射線リスク認知の歴史は表裏一体で進んできたのである。

4.2 放射線の DNA および細胞への作用

放射線の人体への影響を理解するためには，分子レベルから個体レベルまで，放射線により引き起こされる生体内での反応を総合的に知る必要がある。

放射線が生体内に入った場合，まずは物理的な相互作用が起こる。すなわち，放射線は生体高分子を構成する原子に電離や励起を引き起こし，エネルギーを失う。この相互作用によって，生体高分子の構造が部分的に破壊されてしまうことがある。これを放射線による直接作用という。

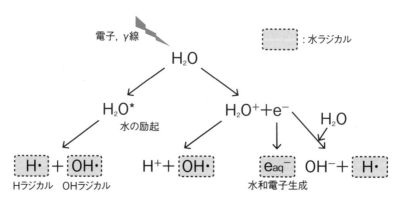

図4.1　電離放射線による水分子の電離と励起

　成人の場合，人体を構成する物質のおよそ6割は水であり，生体内で放射線の影響を
もっとも受けやすいのは水分子である。水分子が電離，励起されると，ヒドロキシルラジ
カル（OH ラジカル）などの分子やイオンが発生する（図4.1）。これらラジカル類は反応性
が高く，生体を構成する他のさまざまな分子と反応し，場合によっては生体高分子の切断
や異常な結合などを引き起こし破壊する原因となる。これを放射線による間接作用という。

　生体を構成する種々の分子の中で，放射線の影響を受けた結果として，生体にとって重
篤な症状につながる可能性がもっとも高いものが DNA である。DNA はそれ自体が遺伝
物質であるとともに，生存や健康維持に必要な蛋白質の直接的な設計図となり，さらに蛋
白質（酵素）を媒体として産生されるほかの生体高分子の間接的な設計図であるともいえ
る。したがって DNA 損傷が起こると，その影響が分子や細胞に止まらず，最終的に個体
のレベルで現れる危険性がある。

　人の細胞内では通常，DNA は二本鎖の状態（Double strand DNA：二本の DNA 鎖が
二重らせん構造をとっている）にある。β 線や γ 線，X 線などの線エネルギー付与（Linear
Energy Transfer, LET：物質中を通過する際に単位長さ当たりに放射線が失うエネル
ギー。LET が大きいほど放射線が通過するミクロ空間内に存在する物質の電離・励起が
激しい）が低い放射線（低 LET 放射線）は，水から発生するラジカル類の間接作用により，
二本鎖 DNA の片側の鎖の切断（一本鎖切断）や遺伝情報の損傷（塩基損傷）などをもた
らす（図4.2）。しかし，これらの切断や損傷は生体に備わっている損傷修復機構により
速やかに修復される（図4.3）。二本鎖 DNA のうち，片側の鎖にのみ切断や塩基損傷など

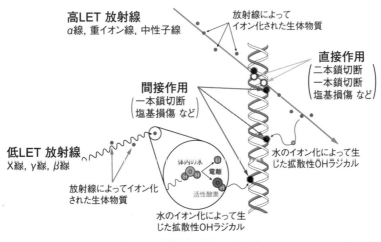

図4.2　放射線によるDNAの損傷

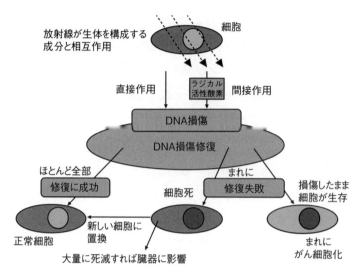

図4.3　細胞レベルでの放射線影響の概略

が生じた場合には，その切断や損傷部位の修復は，異常がない方の鎖に残っている元来の遺伝情報をもとに行われるからである。

　一方，α線や中性子線，重粒子線などの高 LET 放射線の場合は，間接作用に加え直接作用により DNA が切断されてしまうことがある。この場合，二本鎖 DNA の両方の鎖が一度に切断される二本鎖切断も引き起こされる（図 4.2）。二本鎖切断を修復する仕組みも生体内に複数存在するが，まれに修復がうまくいかない場合や，修復後に遺伝情報の欠損などが生じることがある。一度に複数の部位に二本鎖切断が生じた場合には，修復時に誤って本来とは異なる切断末端同士が接続されてしまうこともある。これらは染色体異常やある種の疾患の原因となる場合がある。

　DNA 損傷の発生数は，線量に応じて増加する。もしも細胞当たりの損傷数があまりにも多いと，損傷修復が間に合わなくなることがある。このような場合，細胞は増殖のための過程を停止させ，さらに自らの細胞死を誘導する。このような細胞死（アポトーシス）は DNA の損傷が蓄積すると積極的に起こり，失われる細胞は分解され新しい無傷の正常細胞へと置き換えられる。ところが，大線量の放射線を一度に被曝して細胞死が多数発生するような場合は，細胞の置き換わりの仕組みも間に合わなくなる。その結果，臓器や組織のレベルにおいて，機能喪失や構造の変化を招くことになる（図 4.3）。一般的に，細胞への影響は数時間から数日内に現れるが，臓器や組織での影響が目に見える症状として現れるまでには数週間を要する。

さらに，極めてまれではあるが，DNAの損傷修復過程のエラーによって遺伝情報が変化（突然変異または変異）し，そのままその細胞が生存し続けることがある。この変異がたまたま細胞増殖などの遺伝情報に関連する部位（遺伝子）で生じてしまうと，そのことが原因で細胞ががん化する場合があると考えられている（図4.3）。ただし，細胞のがん化はそのまま重篤な病状や死に直結するわけではない。仮に細胞ががん化したとしても，免疫系によるがん細胞の排除が起こり得る。またがん細胞の増殖には相当な時間を要し，いわゆる「がん」として臨床的に診断できる段階に至るまでには，数年から数十年という長い年月がかかる。

4.3　放射線の人体（個体）への作用

　放射線を被曝した際に人体に現れる症状は，異なる三つの考え方で分類される（図4.4）。すなわち，発症個体に着目した身体的影響と遺伝性影響，発症時期に着目した早期影響（急性影響）と晩発影響，そして発症リスクの様態に着目した確定的影響（組織反応）と確率的影響である。

4.3.1　身体的影響，遺伝性影響
　放射線を被曝した個人への影響を身体的影響という（図4.4）。妊婦が被曝した場合に，

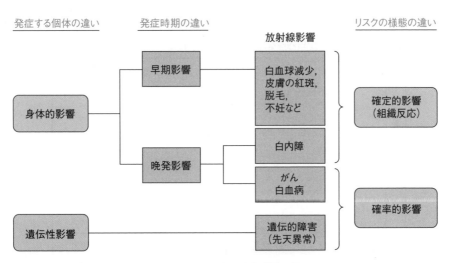

図4.4　放射線影響の分類図
それぞれの放射線影響は，下線を引いた3つの考え方により，それぞれのカテゴリーに分類される

その胎児に影響が現れた場合も，胎児を一個人とみなして身体的影響に分類する。これに対して，親の体内の精子や卵子，あるいはそれらの母細胞といった生殖細胞の遺伝情報が変異を起こし，この影響が子や孫の代に受け継がれてしまうことを遺伝性影響という。遺伝性影響は動植物実験では多くの報告例があるが，人では未だ事例がなく，確定されていない。広島・長崎の被爆二世の調査においても，遺伝性影響は見出されていない。

▌4.3.2 早期影響，晩発影響

放射線を被曝した後に，その影響が臓器や組織レベルで現れるようになるまでには一定の時間がかかる。被曝から数日間から数週間で現れる症状を早期影響（急性影響），発症までに数か月間から数年間かかるものを晩発影響という。脱毛や皮膚紅斑，不妊，白血球などの血液細胞の減少などは早期影響であり，白内障とがんおよび白血病は晩発影響である。

▌4.3.3 確定的影響（組織反応）

被曝線量がある一定値（しきい値）を超えると障害が現れ，かつ線量の増加にしたがって障害の程度が増すという特徴を持つ症状を確定的影響または組織反応という（**図 4.5**）。原爆被爆者や放射線関連事故などにおける被曝者への影響調査などから，被曝線量が数Gy（数 Sv）に達すると種々の症状が現れることが判明している（**表 4.1**）。また，そのしきい値は症状によって異なる（**表 4.2**）。

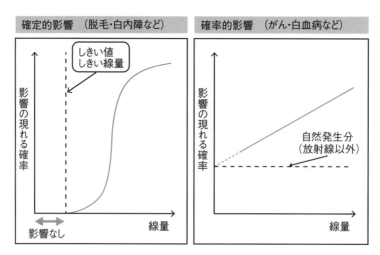

図4.5　確定的影響と確率的影響

表4.1 早期影響の症状と被曝線量との関係

（γ（X）線を一時的に全身に被曝したとき）

被曝線量（Gy）	症 状
0.25 以下	ほとんど臨床的症状なし
0.5	白血球（リンパ球）の一時的減少
1	吐き気，嘔吐，全身倦怠，リンパ球著しく減少
1.5	50%の人に放射線宿酔
2	5%の人が死亡
4	60日間に50%の人が死亡
6	14日間に90%の人が死亡
7 以上	100%の人が死亡

表4.2 成人における確定的影響のしきい値

組 織	症 状		しきい線量（Gy）
骨髄	白血球減少		0.5
	赤血球・血小板減少		2 - 6
生殖器	永久不妊	男性	3.5 - 6
		女性	2.5 - 6
眼	白濁		0.5 - 2
	白内障		5 *
皮膚	紅斑		3 - 10
	脱毛		>3
	潰瘍・壊死		>20

*この数値はICRP Pub.103（2007）による．ICRP Pub.118（2012）では 0.5 Gy が提唱されている．

表4.3 妊娠中の胚発生期から出産までにおける確定的影響のしきい値

被曝時期（受精後の日数）	主な影響	しきい線量（mGy）
着床前期（0～8日）	胚死亡・流産	>100
器官形成期（9～60日）	身体奇形	100 ～ 200
胎児期（60～270日）	精神発達遅滞・小頭症	>120

　一般に，0.5 Gy を超える γ（X）線を一度に全身被曝した場合，白血球の中でもっとも放射線感受性が高いリンパ球が一時的に減少する．1 ～ 2 Gy になると，被曝者の約 10 ～ 50% に放射線宿酔と呼ばれる二日酔いに似た症状（吐き気や頭痛，めまい，食欲不振など）が現れる．3 ～ 5 Gy を被曝した場合，骨髄障害で 60 日以内に 50% の人が死亡する．それは感染症が主な死因となるが，免疫を担当するリンパ球が減少するので，免疫力が低下するためである（造血器障害死）．しかし，血液細胞の幹細胞（分裂増殖をしながら，から

だを構成する種々の細胞を作り出す能力を持つ細胞）が生き残っていれば，数週間後に免疫担当細胞が増殖・分化するので，感染症から回復する。なお，人の半致死線量（LD（Lethal Dose）$_{50/60}$：60日以内に50％が死亡する線量）は4Gy程度である。

　さらに5〜15Gyを1回で被曝すると，被曝者は10日から20日で死亡するが，そのおもな死因となるのは脱水である。消化管粘膜の上皮細胞が死滅し，粘膜下部（陰窩）に存在する上皮幹細胞も消滅するので上皮の再生ができず，水分の体内への吸収はもとより，漏出が起こるためである（消化管障害死）。さらに消化管出血も起こる。また，この線量では当然のことながらリンパ球も失っているので感染症も出現するが，脱水により衰弱死する方が先になる。人の致死線量（LD$_{100}$）は7Gy程度であるとされ，被曝者全員が死に至る。

　一度に15Gy以上を被曝すると神経系が損傷し，中枢の機能不全で全身けいれんをきたし，被曝者はショックなどによりほぼ数日以内に死亡する（中枢神経障害死）。

　なお，表4.2のしきい値は成人の場合であって，胎児ではしきい値が一桁程度下がる。胎児の場合は，どの発達段階（着床前期，器官形成期，胎児期）で被曝したのかによって，現れる症状が異なってくる（表4.3）。

▌4.3.4　確率的影響

　がんや白血病は，確率的影響に分類される。確率的影響では線量の増加に伴い，影響の重篤度ではなく，リスク（発生確率）が増大する。また，しきい値がない（図4.5）。

　人の集団が一様に被曝した場合，その量が100mSvを超えると固形がん（白血病以外のがん）のリスクは直線比例的に増大する。この比例関係は，広島・長崎の原爆被爆者における疫学調査（LSS）の一環として行われた固形がん発生リスクの調査結果（図4.6）を最大の根拠としている。

　一方で，10万人を超える大規模な高線量被曝の疫学調査であるLSSにおいても，100mSvより低い線量域において，線量に対するがんリスクの比例関係は認められていない。また一部には低線量域特有の比例的ではない現象を示す研究データも存在する（コラム「線量−リスクが比例的ではない生物学的現象」参照）。つまり人に関しては，100mSv以下の低線量域において，がんリスクが線量に対して比例関係にあるという科学的な結論に至っていないのが現状である。

　とはいえ放射線防護の立場からは，たとえ低線量域でも影響をなんらかの形で見積もらなくてはならない。そこでICRPは，高線量での影響が低線量域での影響に外挿でき，

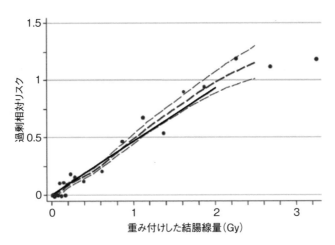

図4.6　LSS（Life Span Study）集団における固形がん発生の過剰相対リスク

公益財団法人放射線影響研究所ホームページより引用。1958年から1998年までの追跡調査結果を示す。
●：各線量区分の中央値（横軸）に対する、その線量区分に含まれる調査対象者から求められた過剰相対リスク（縦軸）を示す。
実線：過剰相対リスクが被曝線量に比例すると仮定した場合の●の近似直線。
太い点線：●の近似曲線。
細い点線：太い点線に対する誤差（±標準誤差）

直線的につなげられるとする仮説「直線しきい値なしモデル」（LNT モデル，Linear Non Threshold model）を設け，これによって低線量・低線量率でも影響は必ずあると，安全側に見積もることを勧告した。

　放射線防護上の規制理由として LNT モデルは有用である。しかし一部では，たとえどれほどわずかな放射線であっても，被曝線量に比例してがん死の割合が増加するものと誤解して受け取られる論拠（仮説ではなく）となってしまっており，風評被害などを生じるなどの問題となる場合がある。

　遺伝性影響も確率的影響である。前述の人のがんリスク増加の件よりも，動植物実験における遺伝性影響の方が研究の歴史はずっと古い。ショウジョウバエでは遺伝子の変異率が照射線量に比例することが，H.J. マラーにより 1927 年に示されたことはすでに述べた。また，1982 年に W.L. ラッセルらは，メガマウス実験と呼ばれる百万匹以上のマウスへのX 線や γ 線の照射実験により，子世代に現れる変異率が線量率によって異なることを見出している。線量率とは単位時間当たりの線量のことで，被曝の総線量が同じでも，線量率が低ければ，修復のための時間的猶予が期待できるため，変異の発生率は高線量率の場合よりも下がる。これは現在では「線量率効果」と呼ばれる実験的事実である。

　なお前述のように，遺伝性影響は動植物を用いた実験では認められるが，人では確認されていない。

● 線量－リスクが比例的ではない生物学的現象

LNT モデルでは説明できない現象が，以下のようにいくつか知られている。

① ホルミシス効果：高自然放射線地域の住民，職業被曝者，原爆被爆者，医療被曝者などについての疫学調査で，特に低線量被曝における影響については，むしろ発がん率が低下するという報告がある。また，動物実験でも低線量前照射（照射などの本処置の前にあらかじめ照射すること）を行うと，放射線発がんだけではなく，化学発がんが抑制されたり，がん転移の抑制が起こることなどが報告されている。すなわち，高線量では有害な放射線が低線量ではむしろ有益に作用するという効果。ホルミシス効果は線量に対するリスクを下げる方向に働く。

② バイスタンダー効果：放射線を照射された細胞だけでなく，直接照射されていないその周囲に存在する細胞（バイスタンダー［bystander：傍観者］細胞）にも DNA 損傷，染色体異常，細胞分裂・増殖阻害，アポトーシス，（突然）変異の誘発などの放射線の影響が観察されるという現象。バイスタンダー効果は，線量に対し，予想される効果よりもさらに大きなリスクが発生することを示唆する。

③ 線量率効果：同じ総線量で比較した場合，線量率（単位時間当たりに物質に吸収または照射される放射線の量）が小さくなれば，生物影響が小さくなる現象をいう。LNT モデルでは線量率は考慮していないので，同モデルによれば極低線量率の被曝であっても総線量が同じであれば，影響も同じ大きさになると判断される。

▌▌4.3.5　臓器・組織による放射線感受性の違い

　全身に均一に同じ線質の放射線を被曝しても，影響が出やすい臓器となかなか現れない臓器がある。この現象は，発見者の名前をつけて「ベルゴニー・トリボンドーの法則」と呼ばれている。この法則に従えば，①細胞分裂頻度が高いほど，②将来の分裂回数が多いほど，③形態的，機能的に未分化なほど，細胞の放射線感受性が大きくなる。つまり，このような性質の細胞が多い臓器や組織ほど，放射線の影響が出やすい（**表4.4**）。

　この法則が発見されたのは，DNA が遺伝物質であることが示されるよりも数十年も前のことである。近年では，この法則に従う細胞は，機能や形態などが未分化な幹細胞の仲間であることがわかっている。

表4.4 放射線感受性と細胞分裂頻度

放射線感受性	組　織	細胞分裂頻度
もっとも高い	リンパ組織，造血組織（骨髄），生殖器（精巣，卵巣）	もっとも高い
高い	小腸，咽頭口腔，皮膚，毛嚢，皮脂腺，膀胱，食道，水晶体，尿管	高い
中程度	唾液腺，軟骨芽細胞，骨組織（骨芽細胞，破骨細胞）	中程度
低い	軟骨細胞，骨組織（骨細胞），汗腺，肺，腎臓，肝臓，膵臓，甲状腺，副腎	低い
もっとも低い	神経組織，筋肉組織	細胞分裂をみない

4.4 身の回りの放射線

4.4.1 自然放射線被曝と医療被曝

　ふだんの暮らしの中で，我々は日常的に自然放射線を被曝している。その量は世界平均で一人当たり 2.4 mSv/ 年とされている。そのうち 1.26 mSv は，^{222}Rn（ラドン）や ^{220}Rn（トロン）といった大地由来の気体であるラドンガスの吸入によるラドンおよびその娘核種からの被曝（内部被曝）によるものである（表4.5）。その他，地殻に含まれるウラン系列やトリウム系列，^{40}K など，大地から放射される放射線の被曝（外部被曝）がある。また，食物に含まれる ^{40}K や ^{14}C などを食事により毎日のように摂取するので，我々の体内には自然由来 RI が常に存在し（図4.7），それらからの放射線被曝（内部被曝）がある。

　さらに，宇宙放射線（宇宙線）に由来する被曝もある。宇宙には大量の宇宙線（陽子線が大半）が飛び交っており，これが地球大気中の窒素や酸素などに作用する。すると中性子や陽子，中間子などが生成され，さらにそれらが連鎖的に相互作用して種々の放射線やRI を生成し，その一部は地表面まで到達する。したがって，地表面でも宇宙線由来の被曝がある。また，航行中の飛行機内では大気による遮蔽効果が減るため，地表面よりも線量率が高くなる（図4.8）。

　日本においては，ラドンガスなどの吸入分が 0.48 mSv，食品摂取分が 0.99 mSv で，ラドンガスよりも食品から摂取する分の方が，内部被曝への寄与が多い。その他，大地由来が 0.33 mSv，宇宙線由来が 0.31 mSv で，日本の場合の自然放射線による被曝量は，年平

表4.5　年間の自然放射線被曝線量の内訳（一人当たり, 世界平均）

被曝形態	年間被曝線量（平均値 mSv/年）
自然放射線による被曝	
呼気吸入による内部被曝	1.26（0.2 ～ 10）
経口摂取による内部被曝	0.29（0.2 ～ 1.0）
大地放射線由来の外部被曝	0.48（0.3 ～ 1.0）
宇宙放射線由来の外部被曝	0.39（0.3 ～ 1.0）
合　計	2.4　（1.0 ～ 13）
人間の活動に起因する被曝	
医療診断（治療による被曝は含まず）	0.6（0 ～ 数十）
職業被曝	0.005（0 ～ 20）
核実験降下物	0.005
原発事故など（チェルノブイリ）	0.002
核燃量サイクル（一般公衆）	0.0002
合　計	0.6（0 ～ 数十）

UNSCEAR Report 2008, Sources and Effects of Ionizing Radiationを参考に作成。
数値は実効線量, （　）内は典型的な変動範囲。

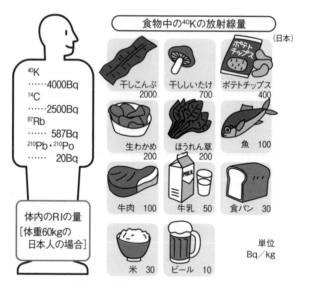

図4.7　体内, 食物中の自然由来RI

均で一人当たり 2.11 mSv とされている。

　その他, 人間の活動に起因する被曝も存在する。特に医療診断による被曝は, 我が国のような医療先進国ほど高い値となる。日本における一人当たりの医療被曝線量は, 年平均2.55 mSv である。

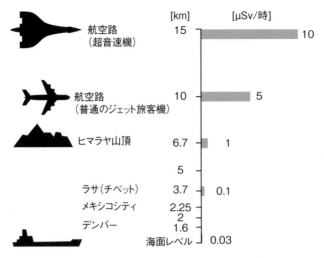

図4.8　宇宙線線量率の高度による違い

4.4.2　低線量・低線量率被曝

　長期間にわたる放射線による低線量・低線量率被曝の影響は，結局のところ，発がんリスクにどれほど反映されるかに焦点が当てられるが，未だ科学的に十分明らかにされているとはいえない。その理由は，その線量域では放射線による影響が仮にあったとしても非常に小さいことは明らかであり，また，発がんの原因となる因子は他にもたくさんあり，それらの影響を切り離して放射線の影響だけを見積もることが極めて困難だからである。

　とはいえ，以下の2つの事例のように低線量・低線量率の放射線被曝の影響を評価するための努力がなされている。

① 　インドのケララ地方，ブラジルのガラパリ，中国の陽江など世界各地に存在する高自然放射線地域（**図4.9**）において，そこに居住する住民集団と，その周辺地域の対照集団との間で，放射線影響の有無を調べる疫学調査が行われている。現在のところ，どの地域においても対照集団との間で発がんに関する有意な差は見出されていない。

② 　放射線のがんリスクと，がんを引き起こす可能性のあるほかの因子のがんリスクとが比較されている。それによると，職業人が実効線量で年間 10 mSv 被曝した場合よりも，日常的に経験する程度の喫煙や肥満などによるリスクの方が格段に高い（**図4.10**）。

　身の回りの放射線のように，低線量率であればそれから受ける影響には線量率効果も期待できるが，法令においては線量率効果を考慮しないという立場がとられており，被曝に

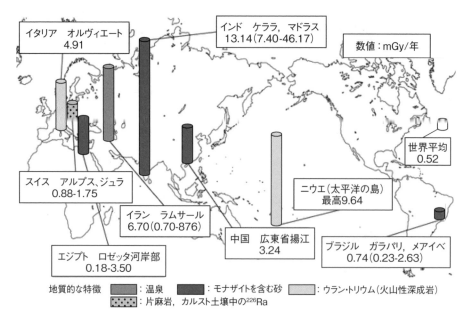

図4.9 世界の高自然放射線地域の例

UNSCEAR Report 2008, Sources and Effects of Ionizing Radiationを参考に作成。
数値は屋外空気吸収線量率，（ ）内は変動範囲

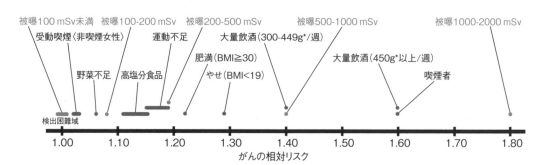

図4.10 放射線と生活習慣のがんのリスク

国立研究開発法人国立がん研究センター発表資料（JPHC Study）を参考に作成。
相対リスクとは，因子（被曝あるいは生活習慣因子）がない場合を1としたときに，それぞれの因子がある場合のがんリスクが何倍になるかを表す値。放射線の発がんリスクは，広島・長崎の被爆者の調査結果（固形がんのデータ）に基づくもの。
* エタノール換算。たとえば日本酒（アルコール度数15%）の場合，約三合を毎日飲み続けると450g/週となる。

関する規制は一定期間内での総線量に対するものである。ただし，ICRPでは線量・線量率効果係数（Dose and Dose Rate Effectiveness Factor, DDREF：線量率効果を補正する係数）を2としており，低線量・低線量率照射を受ける職業・一般人の生涯リスクは，急性障害による生涯リスクを2で割る（つまりリスクを半分にする）ことを提案している。

第5章 法令

5.1 放射線防護と安全規則

　放射線防護とは，放射線の被曝や放射性同位元素による汚染から人や環境を守り，放射線障害の発生を防止することを指す。放射線や放射性同位元素は人体に有害な影響を与えるので，これを利用する場合は規制制度のもと，十分な注意を払い行う必要がある。放射線防護の目的は，確定的影響についてはこれの発生を防止し，確率的影響についてはこれの発生を容認できるレベルに制限することにより，被曝や汚染を伴う行為を正当化できるようにすることである。放射線防護の目的を達成するために国が定めた一連の規制が安全規則である。

　我が国の法令は国際放射線防護委員会（ICRP）の勧告に基づいて制定されているので，規制内容は他国の規制と大きな違いはない。現行法令はICRPの1990年勧告を取り入れたものである。2007年勧告では防護の原則は踏襲され，線量限度の値も維持されているが，最新の科学的知見を考慮した改訂が行われている。また，ラドンの被曝への対応や，環境の防護が新たに提案されている。ICRPの勧告にある防護の3原則は，我が国の法令にも基本原則として取り入れられている。労働安全衛生法の下の電離放射線障害防止規則（電

放射線防護体系の基本原則

1．行為の正当化

　　便益が不利益より大きいこと

2．防護の最適化

　　被曝は合理的に達成できる限り低く保つこと

3．個人の線量限度

　　いかなる場合でも被曝は線量限度を超えないこと

---

*本書第1〜4章では，ラジオアイソトープをRIと表記しているが，法令の内容を記載するときには，法令用語の"放射性同位元素"を用いる

離則）では「事業者は，労働者が電離放射線を受けることをできるだけ少なくするよう努めなければならない」と基本原則を定めている。また国際原子力機関（IAEA）の基本安全原則（Fundamental Safety Principles）についても法令に取り入れられており，放射性同位元素等の規制に関する法律においては「責務の明確化」として訓示的原則が定められている。

5.2 放射性同位元素等の規制に関する法律の体系

5.2.1 放射性同位元素等の規制に関する法律

　放射性同位元素等の規制に関する法律（RI法）は原子力基本法（1955年制定）の精神に基づき，1957年に放射線障害防止法として制定された。放射線障害防止法はICRPの新勧告の取入れなどにより改正を重ね，直近では2017年に法令改正が行われ，2019年の施行から法律の名称も変更され現在に至っている。

　法令は施設面の規制と人の行動に関連した規制によって目的を達成するよう作られている。RI法は放射線障害の防止と公共の安全確保及び特定放射性同位元素の防護を目的とする。特定放射性同位元素の防護の項目はRI法として新たに取り入れられたものである。

　特定放射性同位元素の防護で使われる"防護"の用語はセキュリティの意味として用いられており，特定放射性同位元素を盗取等から防ぐことである。一方，一般的に放射線防護として用いられる"防護"の用語は，人や環境を被曝や汚染から守ることを意味している。

　RI法では，原子力規制委員会の許可（届出）制度による使用の制限，施設基準への適合義務，使用，保管，廃棄等の行為に関する基準の遵守，測定や健康診断，教育訓練の実施を定めた管理義務などにより目的の達成を図っている。さらに自主的な管理を目的とし

コラム

●眼の水晶体の線量限度の変更

　2011年4月，ICRPは組織反応（確定的影響）に関する声明において，計画被曝状況下にある職業被曝のうち眼の水晶体の等価線量に対しては「5年間の平均が20 mSv/年を超えず，いかなる1年間においても50 mSvを超えないようにすべきである」とした。これまで考えられていた白内障のしきい線量（5 Gy）が，再検討の結果0.5 Gyであると考えられるようになったため，等価線量限度の引き下げが必要になった。この声明に基づく線量限度の引き下げは，「放射線を放出する同位元素の数量等を定める件（平成12年科技庁告示第5号）」で「50 mSv/年及び100 mSv/5年」と改正公布され，2021（令和3）年4月1日から施行された。

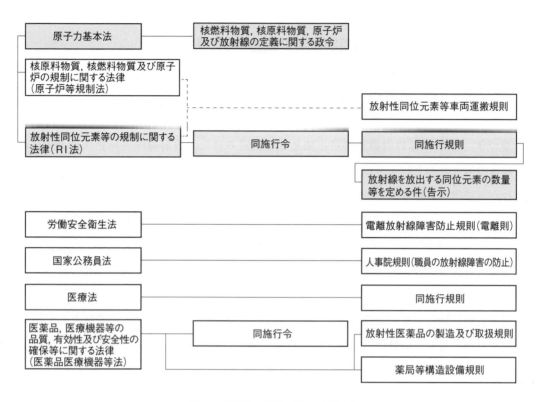

図 5.1　放射線の規則に係わる主要法令

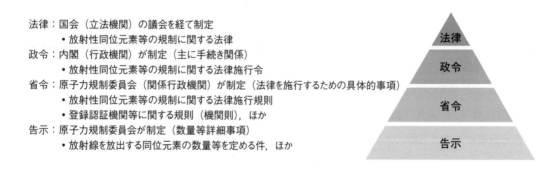

図5.2　法令の構成

て，放射線取扱主任者の選任と，内部管理規程（放射線障害予防規程）の制定が要求されている。特定放射性同位元素に関しては防護措置をとることが要求されている。原子力基本法に基づく放射性同位元素等の規制に関する法体系は図 5.1 の通りである。法律は立法機関である国会において制定される。法律に定められている事項は基本的なものであり，

これを補足するため，内閣が制定する施行令，原子力規制委員会が定める施行規則，同委員会が公に示す告示がある。法令の目的達成のため，さらに指針や通達などが発令される（図 5.2）。これらの国が定める法令等，及び事業所が定める放射線障害予防規程が放射線障害の防止と特定放射性同位元素の防護に関わる安全規則を構成している。

▌5.2.2　法体系とその考え方

　放射線は医療，工業その他，社会の多様な分野で利用されているため，関連する法令は多数ある（図 5.1）。これらの他に放射性同位元素を運搬する場合は運送に関わる各種法令の規制を受ける。労働者保護のための労働安全衛生法の下に定められている電離則は RI 法と同様の規制体系となっているが，1 MeV 未満のエネルギーの電子線や X 線も規制の対象としているなど細かな点において RI 法との差異が見られる。一つの対象に複数の法令による規制がある場合は，より厳しい方の法令に従う必要がある（表 5.1）。放射線防護の目的達成のため，法令を遵守することは当然であるが，法令で定められたものは最小

▌コラム

●原子力基本法制定の背景

　原子力基本法には「原子力利用は平和目的に限定し，民主的な運営の元に，自主的にこれを行い，その成果は公開し，進んで国際協力に資する」ことが基本方針として掲げられている。これを「民主・自主・公開の 3 原則」という。

　原子力基本法制定の第一の背景には原子力の平和利用，すなわち我が国の原子力発電事業の推進にあった。これに加えて当時我が国を震撼させた被曝事件が契機となった。これが原子力基本法制定の 1 年前 (1954 年 3 月 1 日) に起きた「第五福竜丸事件」である。当時の日本は数百隻の漁船団を組み南太平洋海域でマグロ延縄漁を行っていた。1954 年 3 月 1 日にアメリカ合衆国はマーシャル諸島のビキニ環礁で史上最大といわれる大気圏水爆実験 (ブラボー実験) を行った。危険区域の近辺で操業中の第五福竜丸をはじめとする漁船団が大量の「死の灰」を浴び被災した。日本に寄港した後に読売新聞がスクープし，次のように報じた（3 月 16 日付）。「邦人漁夫ビキニ原爆実験に遭遇。23 名が原子病，1 名は東大で重症と診断」，半年後の 9 月 23 日に無線長の久保山愛吉氏が死亡した。第五福竜丸をはじめ，それ以外の漁船の乗組員も放射線障害に苦しんだ事件である。

表5.1　法令の違いによる規制の差異の例

項目	RI法	電離則
放射線	1 MeV 未満のX線，電子線を除外	エネルギーの除外規定なし
放射性同位元素	核燃料物質，医薬品等を除外	除外規定なし
作業環境測定	不要	必要
表面汚染測定	必要	不要
管理区域・事業所境界の測定	必要	不要
健康診断	1年を超えない期間ごと	6月を超えない期間ごと

限の約束事項であるので，これを満たせば十分というものではないことも心に留めておく必要がある。

▶ コラム

● 法の一般原則

　法令の効力は，その法の施行時以前には遡って適用されない（法の不遡及），という一般的な原則がある。この原則に則り下限数量が導入された時，3.7 MBq 以下で下限数量を超える数量の密封線源の一部に特例措置が設定された（これらの放射性同位元素については廃棄のみが規制され，RI法の使用等についての規定を適用しない）。これ以外にも法（行政法）の一般原則として以下のようなものがある。これらの法の一般原則を理解しておくことは，RI法の規制の仕組みを理解する上でも有用である。また安全規則に疑問があるとき，原子力規制委員会による規制が適正に行われているか考える上での根拠となるであろう。

適正手続きの原則：行政活動はその内容が正しいだけでなく，手続きも適正でなければならないという原則。

信義誠実の原則：権利の行使及び義務の履行は，信義に従い誠実に行わなければならないという原則。

権利濫用の禁止の原則：許可の申請自体が権利の濫用とされる場合や，行政側の認可が権利の濫用なる場合はそれを禁止する原則。

比例原則：目的と手段のバランスを要請する原則で，不必要な規制や過剰な規制を禁止するもの。

平等原則：合理的な理由がなく，国民を不平等に扱ってはならないという原則。

5.3 定義および規制値

法令で定義される用語を**表 5.2** にまとめた。規制値については**表 5.3** にまとめた。場所に関する規制値についてはさらに**図 5.3** に概要を図示した。法令では放射線，放射性同位元素，放射性同位元素装備機器，及び放射線発生装置が定義されている。また 2017 年 4 月 14 日に公布された改正法令では，特定放射性同位元素が定義に追加された。

放射線：

法令で規制の対象として定義されている放射線は，物理的な意味での放射線とは異なる。RI 法では，1MeV 未満の電子線や X 線は放射線から除外されている。

放射性同位元素：

法令では告示で定めた数量（下限数量）及び濃度の両方を超えるものを放射性同位元素と定義し，それに満たないものは法令による規制から除外している。また別の法令による規制を受ける核燃料物質や核原料物質，放射性医薬品，獣医療に用いられる放射性医薬品等も RI 法による規制から除外されている。

特定放射性同位元素：

危険度の高い放射性同位元素を盗取等から防護する目的で定義された放射性同位元素

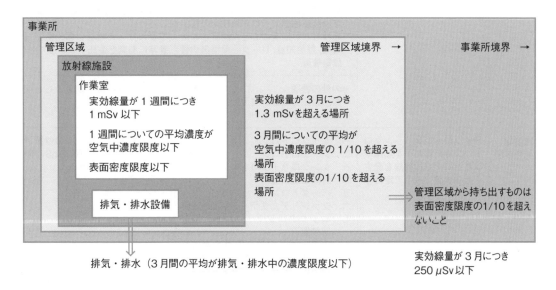

図5.3　放射線施設の場所に関する規則値

表5.2 定 義

用語			備考
放射線	電磁波又は粒子線のうち，直接又は間接に空気を電離する能力をもつもので，政令に定めるもの	一 アルファ線，重陽子線，陽子線その他の重荷電粒子線及びベータ線 二 中性子線 三 ガンマ線及び特性エックス線（軌道電子捕獲に伴って発生する特性エックス線に限る。） 四 １メガ電子ボルト以上のエネルギーを有する電子線及びエックス線	除かれているもの •１メガ電子ボルト未満のエネルギーを有する電子線及びエックス線
放射性同位元素	リン32，コバルト60等放射線を放出する同位元素及びその化合物並びにこれらの含有物で政令で定めるもの	放射線を放出する同位元素の数量及び濃度がその種類ごとに原子力規制委員会が定める数量（下限数量）及び濃度を超えるもの	除かれているもの •核燃料物質，核原料物質 •放射性医薬品及びその原料，治験薬 •治療又は診断のための PET 製剤，人体に挿入された医療機器等 •獣医療に用いる放射性医薬品
特定放射性同位元素	放射性同位元素であって，その放射線による被曝が人の健康に重大な影響を及ぼす恐れがあるもの	その種類及び数量が，密封の有無に応じて原子力規制委員会が定める数量以上のもの（102 ページ 表 5.9 参照）	24 核種が定められている。
放射性同位元素装備機器	硫黄計その他の放射性同位元素を装備している機器	表示付認証機器 　認証条件にしたがって使用する限り，使用・保管等の基準は課されない機器	使用開始後30日以内の届出が必要 使用者の被曝が１mSv/年を超えないこと 不要になった場合は届出販売業者等に廃棄を委託すること
		表示付特定認証機器 　特に放射線障害のおそれが極めて少ない装備機器については使用の届出を要しない制度のもとに認証された機器，煙感知器，レーダー受信部切替放電管等	装置表面から10cmでの１cm線量当量率が１μSv/時以下であること 不要になった場合は届出販売業者等に廃棄を委託すること
		その他の機器 　表示付認証機器，表示付特定認証機器に該当しないもの	届出または許可手続きのもと使用する
放射線発生装置	サイクロトロン，シンクロトロン等荷電粒子を加速することにより放射線を発生させる装置で政令で定めるもの	一 サイクロトロン 二 シンクロトロン 三 シンクロサイクロトロン 四 直線加速装置 五 ベータトロン 六 ファン・デ・グラーフ型加速装置 七 コッククロフト・ワルトン型加速装置 八 その他原子力規制委員会が定める機器（変圧器型加速器，マイクロトロン及びプラズマ発生装置）	装置の表面から10cmの位置での最大線量当量率が600nSv/時以下のものは除かれる

表5.3　規制値

用語			備考
管理区域	外部放射線に係る線量が原子力規制委員会が定める線量を超え，空気中の放射性同位元素の濃度が原子力規制委員会が定める濃度を超え，または放射性同位元素によって汚染された物の表面の放射性同位元素の密度が原子力規制委員会が定める密度を超えるおそれのある場所	一　外部放射線にかかる線量　実効線量で1.3 mSv/3月 二　空気中の放射性同位元素の濃度　3月間についての平均濃度が空気中濃度限度の1/10 三　放射性同位元素によって汚染される物の表面の放射性同位元素の密度　表面密度限度の1/10	一及び二の複合では割合の和が一となるような実効線量及び空気中の放射性同位元素の濃度
作業室	密封されていない放射性同位元素の使用若しくは詰替えをし，又は放射性汚染物で密封されていないものの詰替をする室	外部放射線にかかる線量　実効線量1週間につき1 mSv以下 空気中の放射性同位元素の濃度　1週間についての平均濃度が空気中濃度限度以下 放射性同位元素によって汚染される物の表面の放射性同位元素の密度　表面密度限度以下	放射線使用施設の常時人が立ち入る場所に該当する
実効線量限度	放射線業務従事者の実効線量について，原子力規制委員会が定める一定期間内における線量限度	一　平成13年4月1日以後5年ごとに区分した各期間につき100 mSv 二　4月1日を始期とする1年間につき50 mSv 三　女子については，3月につき5 mSv 四　妊娠中の女子については妊娠の事実を知った時から出産までの期間につき，内部被曝について1 mSv	妊娠不能と診断されたもの，妊娠の意思のない旨を書面で申出た者及び妊娠中の女子については女子についての第三の項目は適用しない 確率的影響を評価する 胎児は一般公衆の被曝線量限度，年1 mSvが適用される
等価線量限度	放射線業務従事者の各組織の等価線量について，原子力規制委員会が定める一定期間内における線量限度	眼の水晶体： 一　平成13年4月1日以降5年ごとに区分した各期間（100mSv） 二　4月1日を始期とする1年間（50mSv） 皮膚：4月1日を始期とする1年間（500mSv） 妊娠中である女子の腹部表面については，妊娠の事実を知った時から出産までの期間につき2 mSv	確定的影響を評価する 胎児は一般公衆の被曝線量限度，年1 mSvが適用される 皮膚：70 μm線量当量 眼の水晶体：70 μm，3 mm又は1 cm線量当量のうち適切なもの 妊娠中の女子の腹部表面の等価線量は1 cm線量当量の値で算定
空気中濃度限度	放射線施設内の人が常時立ち入る場所において人が呼吸する空気中の放射性同位元素濃度について，原子力規制委員会が定める濃度限度	核種及び化学形毎に1週間についての平均濃度として告示別表第2第四欄に規定	同じく3月間についての平均濃度として第五欄に排気中の濃度限度，第六欄に排水中の濃度限度が規定されている
表面密度限度	放射線施設内の人が常時立ち入る場所において人が触れる物の表面の放射性同位元素の密度について原子力規制委員会が定める密度限度	アルファ線を放出する放射性同位元素　4 Bq/cm² アルファ線を放出しない放射性同位元素　40 Bq/cm²	

● 下限数量（MBq）と BSS 免除レベル

　ある放射線源について，それによる健康への影響が無視できるほど小さくて，放射性物質として扱う必要がなく，放射線防護の規制対象にしないことを免除という。免除の判断基準となる放射性物質の数量及び濃度を免除レベルという。この免除レベルを IAEA が提示した。これが国際基本安全基準（BSS：Basic Safety Standard）免除レベルである。下限数量免除レベルはこの値をもとに定められている。

　BSS 免除レベルは，事故等による最悪の状況で 1 mSv/ 年，事故の発生確率を 1％とし，通常の状況で 10 μSv/ 年という想定の下に定められた。

原子力規制委員会が定める数量及び濃度（抜粋）

核　種	数量（MBq）	濃度（Bq/g）
^{3}H	1000	1×10^6
^{14}C	10	1×10^4
^{22}Na	1	1×10^1
^{32}P	0.1	1×10^0
^{33}P	100	1×10^5
^{51}Cr	10	1×10^3
^{57}Co	1	1×10^2
^{60}Co	0.1	1×10^1
^{63}Ni	100	1×10^5
^{90}Sr	0.01	1×10^2
^{99m}Tc	10	1×10^2
^{119m}Sn	10	1×10^3
^{125}I	1	1×10^3
^{131}I	1	1×10^2
^{137}Cs	0.01	1×10^1
^{147}Pm	10	1×10^4
^{241}Am	0.01	1×10^0
^{252}Cf	0.01	1×10^1

である。そこから放散された放射線による被曝が人の健康に重大な影響を及ぼす恐れがあるものとして，原子力規制委員会が種類又は密封の有無に応じて数量（D 値）を定めている（102 ページ 表5.9 参照）。

放射性同位元素装備機器：

　放射性同位元素が装備された機器であり，表示付認証機器と表示付特定認証機器が含まれる。表示付き以外の放射性同位元素装備機器は，使用の許可または届出の手続きのもとで使用する。設計認証制度は下限数量の導入にあたり，放射性同位元素の数量の小さい装備機器の合理的な規制のために導入された制度である。設計認証を受け，その認証の表示が付された放射性同位元素装備機器が表示付認証機器であり，これを使用する者は使用開始後の届出で足りることとし，認証条件にしたがって使用する限り，使用，保管等の基準は課されない。特定設計認証機器は設計認証機器の中でも，特に被曝のおそれが極めて少ない放射性同位元素装備機器であり，使用の届出を要しないとしたものである。特定設計認証を受け，その表示が付された機器が表示付特定認証機器である。煙感知器などが該当する。表示付認証機器及び表示付特定認証機器を廃棄する場合は，届出販売業者等に引き

渡さなければならない。

放射線発生装置：

　荷電粒子を加速することにより放射線を発生させる装置で，政令で定められている。該当する機器であっても装置の表面から 10 cm の位置での最大線量当量率が 600 nSv/時以下のものは除かれている。

　医療における X 線装置，工業用 X 線装置などで 1MeV 未満の X 線を発生させる装置は，1MeV 未満の X 線・電子線が RI 法で規制されないため，この法律の規制から除外される。

管理区域：

　放射線や放射性同位元素を使用する施設では，放射線のレベルや放射性同位元素の濃度が常時人が立入る場所の 1/10 以上になるおそれのある場所を管理区域として設定し，一般の人々の立入を制限するなどの管理をしなければならない。管理区域に関わる規制値は

■コラム■

●放射性核種の複合

　下限数量や空気中濃度限度は，放射線を放出する同位元素の種類が一種類の場合を想定し，核種ごとに数値が設定されている。放射線を放出する同位元素の種類が 2 種類以上の場合は，核種ごとに下限数量や空気中濃度限度との割合を求め，割合の和が 1 を超えるかどうかで判断する。

例）　ある研究所で ^{3}H 500 MBq, ^{60}Co 30 kBq, ^{90}Sr 3 kBq を使用する場合，下限数量との割合の和は以下の通りとなる。

$$\frac{500 \times 10^6}{1 \times 10^9} + \frac{30 \times 10^3}{1 \times 10^5} + \frac{3 \times 10^3}{1 \times 10^4} = 0.5 + 0.3 + 0.3 = 1.1$$

　したがって数量に対する割合の和が 1.1 となり 1 を超えているので，RI 法の規制を受ける数量となる。同様の計算を空気中濃度限度，排気，排水中濃度限度等においても行い，判断する。

　複数の非密封の放射性同位元素を使用する場合は，個々の核種が下限数量以下であったとしても，割合の和が 1 を超えると規制の対象となるので注意が必要である。一方，密封された放射性同位元素を使用する場合は，1 個（組み合わせて使用する場合は 1 組又は 1 式）の数量が下限数量以下であれば，規制の対象とはならない。

表 5.3 の通りである。

作業室：

　密封されていない放射性同位元素を使用し，放射性汚染物を取り扱う（詰替える）場合は作業室において行うことが規定されている。作業室は放射線使用施設内の常時人が立入る場所に該当する。外部放射線に係る線量は実効線量で 1 週間につき 1 mSv 以下，空気中の放射性同位元素の濃度は 1 週間についての平均濃度が空気中濃度限度以下，放射性同位元素によって汚染される物の表面の放射性同位元素の密度は表面密度限度以下であることが要求される。

放射線業務従事者の実効線量限度と等価線量限度：

　放射線業務従事者が管理区域に立入っている間測定することが義務付けられている被曝線量については，一定期間内における線量限度が法令により定められている（表 5.3）。

空気中濃度限度，排気，排水中濃度限度：

　空気中濃度限度は作業者が週 40 時間作業するとして，放射性核種を吸入により摂取した場合に内部被曝による実効線量が年 50 mSv となる濃度である。

　排気中濃度限度は，排気口における放射性核種の 3 月間についての平均濃度が，排気口の空気を直接継続して摂取するシナリオにおいて，吸入による被曝が年 1 mSv の実効線量に相当する濃度である。

　排水中濃度限度は，排水を飲料水として飲み続けたシナリオにおいて，年 1 mSv の実効線量に達すると計算された濃度である。

表面汚染密度：

　放射線施設内で，常時人が立入る場所においては，人が触れる物の表面の放射性同位元素の表面密度限度は，α 線を放出する放射性同位元素の場合 4 Bq/cm^2，α 線を放出しない放射性同位元素の場合 40 Bq/cm^2 と規定されている。

5.4　行為基準

　法令では，使用，保管，運搬，廃棄などの放射線を取り扱う者が行う行為に対して，基準を設けて（事業者が）必要な措置を講ずることを定めている。放射性同位元素を取り扱うにあたっての基本的事項として，実際に取り扱う利用者が理解しておく必要がある。**表 5.4〜表 5.6** に施行規則に定められている使用，保管，廃棄の基準の抜粋を一覧として示

表5.4　使用の基準（抜粋）

基準	
使用施設での使用	許可使用者は,放射性同位元素又は放射線発生装置の使用は,使用施設において行うこと
作業室での使用	密封されていない放射性同位元素等の使用は,作業室において行うこと
密封線源使用の基準	密封された放射性同位元素の使用をする場合には,その放射性同位元素を次に適合する状態において使用すること イ　正常な使用状態においては開封又は破壊されるおそれのないこと ロ　漏洩,浸透などにより散逸して汚染するおそれのないこと
外部被曝防護の3原則	放射線業務従事者の線量は,次の措置のいずれかを講ずることにより実効線量限度及び等価線量限度を超えないようにすること イ　遮蔽物を用いることにより放射線の遮蔽を行う ロ　放射性同位元素又は放射線発生装置と人体との間に適当な距離を設けること ハ　人体が放射線に被曝する時間を短くすること
空気中濃度限度	作業室内の人が常時立ち入る場所又は放射線発生装置を使用する室における空気中の放射性同位元素の濃度は空気中濃度限度を超えないこと
飲食喫煙の禁止	作業室での飲食及び喫煙を禁止すること
表面密度限度	作業室又は汚染検査室内の人が触れる物の表面の放射性同位元素の密度は表面密度限度を超えないようにすること
作業着の着用	作業室においては,作業着,保護具等を着用して作業し,これらを着用してみだりに作業室から退出しないこと
汚染検査	作業室から退出するときは,人体及び作業着,履物,保護具等人体に着用している物の表面の放射性同位元素による汚染を検査し,汚染のある場合はその汚染を除去すること
作業室からの持ち出し	放射性同位元素によって汚染された物で,その表面の放射性同位元素の密度が表面密度限度を超えているものは,みだりに作業室から持ち出さないこと。
管理区域からの放射性汚染物の持ち出し	放射性汚染物で,その表面の放射性同位元素の密度が表面密度限度の1/10を超えているものは,みだりに管理区域から持ち出さないこと。
管理区域への入域制限	管理区域には,人がみだりに立ち入らないような措置を講じ,放射線業務従事者以外の者が立ち入るときは放射線業務従事者の指示に従わせること

表5.5　保管の基準（抜粋）

基準	
容器,貯蔵箱の使用	容器に入れ,かつ,貯蔵室又は貯蔵箱において行うこと
貯蔵能力	貯蔵能力を超えて放射性同位元素を貯蔵しないこと
飲食,喫煙の禁止	貯蔵施設のうち放射性同位元素を経口摂取するおそれのある場所での飲食及び喫煙を禁止すること
表面密度限度	貯蔵施設内の人が触れる物の表面の放射性同位元素の密度は,表面密度限度を超えないこと イ　液体状の放射性同位元素は液体がこぼれにくい構造であり,かつ,液体が浸透しにくい容器に入れること ロ　受皿,吸収剤その他の施設又は器具を用いることにより,放射性同位元素による汚染の広がりを防止すること

表5.6　廃棄の基準（抜粋）

基準	
気体状の廃棄物	気体状の放射性同位元素等は，排気設備において，浄化し，又は排気することにより廃棄すること
液体状の廃棄物	液体状の放射性同位元素等は，次に掲げるいずれかの方法により廃棄すること 　イ　排水設備において，浄化し，又は排水すること 　ロ　容器に封入し，保管廃棄設備において保管廃棄すること 　ハ　焼却炉において焼却すること 　ニ　固型化処理設備においてコンクリートその他の固型化材料により容器に固型化すること
液体状の廃棄物の保管	液体状の放射性同位元素等を保管廃棄する場合は，当該容器は次に掲げる基準に適合するものであること 　イ　液体がこぼれにくい構造であること 　ロ　液体が浸透しにくい材料を用いたものであること
受け皿，吸収剤	液体状の放射性同位元素等を保管廃棄する場合は，受皿，吸収剤その他放射性同位元素等による汚染の広がりを防止するための施設又は器具を用いることにより，放射性同位元素等による汚染の広がりを防止すること
固体廃棄物	固体状の放射性同位元素等は，次に掲げるいずれかの方法により廃棄すること 　イ　焼却炉において焼却すること 　ロ　容器に封入し，又は固型化処理設備においてコンクリートその他の固型化材料により容器に固型化して保管廃棄設備において保管廃棄すること 　ハ　容器に封入できないものは，汚染の広がりを防止する措置をとり保管廃棄すること 　ニ　廃棄物埋設を行うこと（許可廃棄業者）
陽電子断層撮影用放射性同位元素等の保管廃棄	陽電子断層撮影用放射性同位元素等については，その他の放射性同位元素等が混入しないよう封及び表示をし，当該陽電子断層撮影用放射性同位元素の原子の数が1を下回ることが確実な期間として原子力規制委員会が定める期間（封をした日から起算して7日間）を超えて管理区域内において保管廃棄すること（該当する陽電子断層撮影用放射性同位元素は，炭素11，窒素13，酸素15及びフッ素18である） 陽電子断層撮影用放射性同位元素等については原子力規制委員会が定める期間を経過した後は，放射性同位元素又は放射性同位元素によって汚染されたものではないものとする

した。

▌5.4.1　使用の基準

　施行規則（15条）では，14項目にわたって細かく使用の基準を設定している。抜粋を表5.4に示した。使用の基準として示された内容は，放射線障害予防規程にもさらに詳細に各事業所の実態に合わせた内容として定めている。許可使用者の場合，放射性同位元素等の使用は使用施設で行うこと，非密封の放射性同位元素は作業室で取り扱うこと等，安全取扱の基本的事項が使用の基準として定められている。

■ 5.4.2 保管の基準

施行規則（17条）では9項目にわたって保管の基準を設定している。抜粋を表5.5に示した。放射性同位元素の保管は，牢固な容器に入れ，貯蔵室または貯蔵箱に保管することが原則である。また，貯蔵能力を超えて放射性同位元素を貯蔵してはならない。

■ 5.4.3 運搬の基準

施行規則（18条）には，放射性同位元素等を運搬する場合は運搬の基準に基づいて運搬しなければならないと定められている。事業所内においても基準が定められており，基準に沿った運搬が必要である。さらに事業所外では放射性同位元素の数量によって少ない方からL型輸送物，A型輸送物，B型輸送物，として区分けし，それぞれ必要な基準を定めて運搬することが要求されている。

■ 5.4.4 廃棄の基準

施行規則（19条）では，17項目にわたって気体，液体，及び固体の廃棄物について廃棄の基準を設定している。抜粋を表5.6に示した。

気体状の廃棄物：

気体状の廃棄物については排気設備で浄化し，又は排気すると定められている。排気設備としてはヘパフィルターやチャコールフィルターを用いたフィルターユニットが使用されている。

液体状の廃棄物：

液体状の廃棄物については，(1) 排水設備で浄化し，又は排水する，(2) 保管廃棄する，(3) 焼却炉で焼却する，(4) 固形化処理する，のいずれかの方法をとる。その他の細かい基準は表5.6の通りである。

固体状の廃棄物：

固体状の廃棄物は (1) 焼却炉において焼却すること，(2) 容器に封入し保管廃棄すること，(3) 容器に封入できないものは，汚染の広がりを防止する措置をとり保管廃棄すること等と定められている。また，陽電子断層撮影用放射性同位元素のうち炭素11，フッ素18等の4核種又はそれによって汚染されたものについては，7日間管理区域内で封入して保管した後は，放射性同位元素又は放射性同位元素によって汚染されたものではないものとすることができることが定められている。

5.5 放射線業務従事者等の義務

放射性同位元素等又は放射線発生装置の取扱, 管理又はこれに付随する業務に従事するものであって, 管理区域に立ち入る者として放射線業務従事者が定義されている。放射線業務従事者の他, 放射性同位元素等又は放射線発生装置の取扱, 管理又はこれに付随する業務に従事するものであって管理区域に立ち入らない者, 又はそれらの業務以外の用務で一時的に管理区域に立ち入る者には特別にいくつかの義務が課せられている。

個人被曝線量の測定:

放射線の量の測定は外部被曝による線量及び内部被曝による線量について行う。

外部被曝の測定:

イ　胸部 (女子にあっては腹部) について 1 cm 線量当量及び 70 μm 線量当量を測定すること。

ロ　他の部分の外部被曝の線量が最大となる場合はその部分についても測定すること。

ハ　放射線測定器を用いて測定すること。

ニ　管理区域に立ち入っている間継続して測定すること。

内部被曝の測定:

内部被曝の測定は, 内部被曝のおそれのある場所に立ち入った者に対して, 3 月を超えない期間ごとに 1 回行うこと。また, 放射性同位元素を誤って吸入又は経口摂取したときに実施する。

▌5.5.1　健康診断の受診

放射線業務従事者の健康診断は次に定めるところによると規定され, 定期的な健康診断が必要となっている。また, 線量限度を超えた被曝や身体の汚染が容易に除去できない等が発生した又は発生するおそれのある場合も健康診断が要求されている。

1. 初めて管理区域に立入る前に行うこと。
2. 管理区域に立ち入った後は 1 年を超えない期間毎に行うこと。
3. 次に該当する場合は遅滞なく, 健康診断を行うこと。

    イ　放射性同位元素を誤って吸入又は経口摂取したとき。

    ロ　放射性同位元素により表面密度限度を超えて皮膚が汚染され, その汚染が除去で

きないとき。

ハ 放射性同位元素により皮膚の創傷面が汚染されたとき（またはそのおそれのあるとき）。

ニ 実効線量限度又は等価線量限度を超えて放射線に被曝したとき（またはそのおそれのあるとき）。

健康診断の方法は問診及び検査又は検診である。

問 診：

問診は放射線（1MeV 未満の電子線及びエックス線による被曝を含む）の被曝歴の有無，被曝歴のある場合は作業の場所，内容，期間，線量，放射線障害の有無その他放射線による被曝の状況である。

検査又は検診：

検査又は検診の部位及び項目は次のとおりである。

イ 末梢血液中の色素量又はヘマクリット値，赤血球数，白血球数及び白血球百分率

ロ 皮膚

ハ 眼

ニ その他原子力規制委員会が定める部位及び項目

初めて管理区域に立入る前に行う健康診断については，ハ（眼）については医師が必要と認める場合に行う。また管理区域に立ち入った後に行う健康診断については，イ，ロ，ハの部位又は項目は医師が必要と認める場合に行うとされている。現実的には，多くの事業所が電離則の対象となっているため，初めて管理区域に立入る前に行う健康診断については問診とイ，ロの検査を行い，管理区域に立ち入った後に行う健康診断は（電離則の定めにより）6 月を超えない期間毎に問診（及びイ）による健康診断を行なっている事業所が多い。

健康診断の結果についてはその都度記録し，これを受診者に交付すること，またその記録を保存することが定められている。保存期間は永年保存とされている。

■ 5.5.2 教育訓練

管理区域に立入る者（放射線業務従事者），及び取扱等業務に従事する者であって管理区域に立ち入らない者（取扱等業務従事者）に対して，定期的な教育訓練を行うことが定められている。2018 年 4 月 1 日施行の改正法令では、放射線業務従事者が初めて管理区

表5.7　教育および訓練の項目と時間数

教育及び訓練の項目	時間数
放射線の人体に与える影響	30分
放射性同位元素等又は放射線発生装置の安全取扱い	1時間
放射線障害の防止に関する法令及び放射線障害予防規程	30分

域に立入る前，及び取扱等業務従事者が初めて取扱等業務に従事する前に行う教育訓練の項目と最低限の時間数が，表5.7のように定められている。放射線業務従事者，取扱等業務従事者の区別はない。なお，事業所の使用等の実態に合わせて適切な時間数を放射線障害予防規程に規定し，実施することが要請されている。

また，取扱等業務以外で一時的に管理区域に立ち入る者に対する教育訓練については，放射線障害防止に必要な事項を実施することが定められている。

管理区域に立ち入った後及び取扱等業務に従事した後に行う教育訓練（再教育）は，翌年度内に実施するよう改正された。再教育については項目のみで時間数の規定はない。

5.6 放射線障害予防規程

事業者は放射線障害予防規程（予防規程）を取扱開始前に作成し，原子力規制委員会に届け出る必要がある。また変更した場合は，変更後30日以内に変更後の予防規程を添えて届け出る。予防規程に定める項目として規則には18項目にわたって記されている。予防規程は事業所毎に異なる事情を元に，法令の目的を達成するために作成される細則として意味づけられており，放射性同位元素等を取り扱う者は熟知しておく必要がある。

(1) 放射線取扱主任者その他の放射性同位元素等又は放射線発生装置の取扱いの安全管理（放射性同位元素等又は放射線発生装置の取扱いに従事する者の管理を含む）に従事する者に関する職務及び組織に関すること。

(2) 放射線取扱主任者の代理者に関すること。

(3) 放射線施設の維持及び管理並びに放射線施設（管理区域）の点検に関すること。

(4) 放射性同位元素又は放射線発生装置の使用に関すること。

(5) 放射性同位元素等の受入れ，払出し，保管，運搬又は廃棄に関すること。

(6) 放射線の量及び放射性同位元素による汚染の状況の測定並びにその測定の結果に

ついての措置に関すること。

(7) 教育及び訓練に関すること。

(8) 健康診断に関すること。

(9) 放射線障害を受けた者又は受けたおそれのある者に対する保健上必要な措置に関すること。

(10) 記帳及び保存に関すること。

(11) 地震，火災その他の災害が起こったときの措置に関すること。

(12) 危険時の措置に関すること。

(13) 放射線障害のおそれがある場合又は放射線障害が発生した場合の情報提供に関すること。

(14) 応急の措置を講ずる為に必要な事項であって次に掲げるもの（数量の極めて大きいRIの許可使用者又は大規模研究用加速器施設の許可使用者のみ）。

　1. 応急の措置を講ずる者に関する職務及び組織に関すること。

　2. 応急の措置を講ずる為に必要な設備又は資機材の整備に関すること。

　3. 応急の措置の実施に関する手順に関すること。

　4. 応急の措置に係る訓練の実施に関すること。

　5. 都道府県警察，消防機関及び医療機関その他の関係機関との連携に関すること。

(15) 放射線障害の防止に関する業務の改善に関すること（特定許可使用者及び許可廃棄業者に限る）。

(16) 放射線管理の状況の報告に関すること。

(17) 埋設廃棄物に含まれる放射能の減衰に応じて放射線障害の防止のために講ずる措置に関すること（廃棄物埋設を行う許可廃棄業者に限る）。

(18) その他放射線障害の防止に関し必要な事項。

5.7 放射線取扱主任者

　許可使用者等は放射線障害の防止について監督を行わせるため，放射線取扱主任者を選任し，原子力規制委員会に届け出ることが求められている。主任者の数は1事業所あたり少なくとも1名とされている。実際の運用上は2名以上選任しておいた方がよいが，2名以上を選任する場合はそれぞれの職務の役割を予防規程で明確にしておく必要がある。事

表5.8　事業所区分別の資格・講習

区分	必要な試験、講習	特定許可使用者	非密封許可使用者	密封許可使用者＊	届出使用者	届出販売業者	届出賃貸業者	許可廃棄業者	表示付認証機器届出使用者等
第1種放射線取扱主任者	第1種試験、第1種講習	○	○	○	○	○	○	○	不要
第2種放射線取扱主任者	第2種試験、第2種講習			○	○	○	○	○	
第3種放射線取扱主任者	第3種講習					○	○	○	

＊特定許可使用者を除く

> **┥コラム┝**
>
> ●安全文化の醸成
>
> 　IAEAの基本原則「安全に対するリーダーシップとマネジメント」では「放射線リスクに関係する組織並びに放射線リスクを生じさせる施設と活動では，安全に対する効果的なマネージメントが確立され，維持されなければならない」とされている。安全文化の醸成の要求であるが，それには規制当局，事業者，放射線業務従事者の各レベルの個人が放射線安全に責任を持ち，たえず放射線安全活動の維持・発展に取り組んでいくことが必要である。このため改正法令では特定許可使用者や許可廃棄業者を対象に「自主的な安全性の向上に向けた取組」が要求されている。具体的には改正法令を踏まえた予防規程等には放射線障害を防止するため，必要な規定や計画の整備（Plan），実施（Do），評価（Check）及び継続的な改善（Act）を行う体制（PDCAサイクル）の構築と，評価改善活動が要求されることとなる。

業者の区分に応じて必要な主任者の区分は**表5.8**の通りとなっている。

5.8　事故および危険時の対応

▌5.8.1　事故等の報告

　事故・異常事態等が発生した場合には，その旨を直ちに，その状況及びそれに対する処

置を 10 日以内に原子力規制委員会に報告することが義務付けられている。事故時の報告についてはこれまでは施行規則により規定されていたが，法令改正では事業者の義務として法に明記された。これに伴い報告を怠るなどの違反には罰則が適用されることとなる。報告が必要な事態は，放射線障害が発生するおそれのある事故又は放射線障害が発生した事故その他の原子力規制委員会規則に定める事象となっている。その他の事象として以下の項目が規定されている。

(1) 放射性同位元素の盗取又は所在不明
(2) 気体状の放射性同位元素等の濃度限度を超えた排気
(3) 液体状の放射性同位元素等の濃度限度を超えた排水
(4) 放射性同位元素等の管理区域外での漏洩
(5) 放射性同位元素等の管理区域内での漏洩
    ただし，次の場合を除く
    イ 漏洩した液体状の放射性同位元素等が漏洩の拡大を防止するための堰の外に拡大しなかったとき
    ロ 気体状の放射性同位元素等が漏洩した場合において，漏洩した場所に係る廃棄設備の機能が適正に維持されているとき
    ハ 漏洩した放射性同位元素等の放射能量が微量のときその他漏洩の程度が軽微なとき
(6) 人が常時立ち入ることができる場所で，遮蔽物の損傷等により線量限度を超え，又は超えるおそれがあるとき
(7) 放射性同位元素の使用その他の取扱いにおける計画外の被曝が一定限度を超え，又は超えるおそれがあるとき
(8) 放射線業務従事者について実効線量限度若しくは等価線量限度を超えて，あるいは超えるおそれのある被曝
(9) 廃棄物埋設地において，原子力規制委員会が定める線量限度を超えるおそれがあるとき（現在は定められていない）

▌5.8.2 危険時の措置

法令では事故及び危険時の措置として，放射線障害のおそれがある場合又は放射線障害が発生した場合は，直ちに次のような応急措置をとることが定められている。

(1) 火災がおこった時は，消火に努めるとともに直ちに消防署に通報する。

(2) 放射線施設の内部にいる者，運搬に従事する者，これらの付近にいる者を退避させる。

(3) 放射線障害を受けた者，又は受けたおそれのある者は速やかに救出，避難させる。

(4) 放射性同位元素による汚染が生じた場合は，速やかにその広がりを防止し，除去を行う。

(5) 放射性同位元素は，できるだけ他の安全な場所に移し，周囲には縄を張り，又は標識をつけ，かつ見張り人をつける。

(6) その他放射線障害を防止するために必要な措置を講ずる。

上記の事態を発見した者は，直ちにその旨を警察官または海上保安官に通報する必要がある。

5.9 特定放射性同位元素の防護

特定放射性同位元素（表5.9）は滅菌用照射装置，遠隔治療用照射装置，ガンマナイフ，血液照射装置，非破壊検査装置などに，日本では500あまりの事業所で用いられている。特定放射性同位元素はさらにその数量によって3つの区分（区分1：D値の1000倍以上，区分2：D値の10倍以上1000倍未満，区分3：D値の1倍以上10倍未満）に分けられ，事業者はその区分に応じた防護措置（セキュリティ対策）をとることが要求されている。

RIの盗取などへの対応はこれまでも法令で要求されていたが，特定放射性同位元素の防護措置では，さらに高いレベルのセキュリティ対策が要求されている。具体的には施設における防護措置として，監視カメラや侵入検知装置の設置（検知），堅固な扉，線源の

表5.9　特定放射性同位元素の例

核種	D値として原子力規制委員会が定める数量(TBq)
^{241}Am	6×10^{-2}
^{137}Cs	1×10^{-1}
^{226}Ra	4×10^{-2}
^{192}Ir	8×10^{-2}
^{90}Sr	1×10^{0}
^{60}Co	3×10^{-2}

*密封線源及び固体状の非密封RIについての数量。その他の非密封RIについては別に数量が定められている。
*放射平衡中の子孫核種を含む。

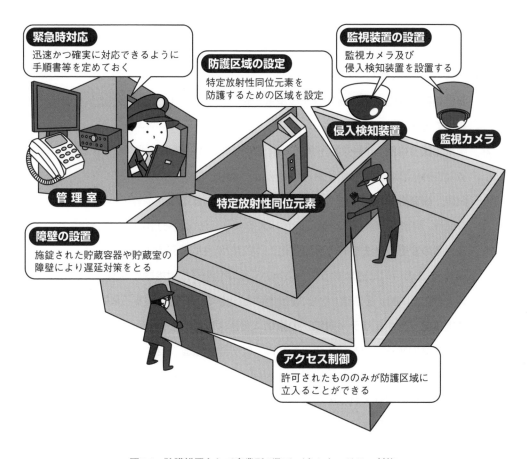

図5.4　防護措置として事業所が取るべきセキュリティ対策

固縛（遅延），通信機器の整備，手順書の整備（対応）などの多段階の対策を実施して盗取の防止を図る必要がある（**図5.4**）。

　ソフト面では防護管理者及び防護従事者の選任，防護管理者及び防護規程の届出，防護措置に係る教育及び訓練，施設のアクセス規制や情報のセキュリティ管理の実施など多くの事項が要求されている。さらに特定放射性同位元素を事業所内外で運搬する場合においても，強化されたセキュリティレベルに対応した防護措置の元で運搬を行う必要がある。放射線業務従事者としては直接的な関わりはない部分もあるが，特定放射性同位元素等の使用に従事する場合は，これらが事業所ごとに定められている防護措置の元に管理運用されていることを認識し，内容を把握しておく必要がある。

◆ コラム ◆

● 2017年の法令改正で取り入れられた RI 法の考え方

RI 法では次のことに関して規制の強化が図られている。

① **報告義務の強化**：事故報告等を事業者の義務として法律で定めた（これまでは下部規程で定められていた）。

② **廃棄に係る特例**：RI 等を原子炉等規制法の廃棄業者に廃棄の委託ができるようにし，放射性廃棄物の規制を原子炉等規制法に一元化した。

③ **試験，講習等の規則委任**：RI 利用の新たな形態や技術の進歩等に応じ，最新の知見を試験，講習等の課目に適宜反映が行えるよう，法律から規則に委任した。

④ **法律名の変更及び法目的の追加強化**：「特定放射性同位元素の防護（セキュリティ対策）」を法の目的に追加することに伴い，法律名を「放射性同位元素等による放射線障害の防止に関する法律」から「放射性同位元素等の規制に関する法律」に変更した。

⑤ **防護措置（セキュリティ対策）の強化**：有害な放射線影響を引き起こすことを意図した悪意のある行為を防止するために，RI の防護措置（セキュリティ対策）を法律で義務づけた。

⑥ **事業者責務の取り入れ**：RI 事業者の責務として，RI 事業者が規制要求を満足させるために最新の知見を踏まえることや事業者の実態に即して安全性を向上させることを法律上に位置づけた。

法の改正に伴い施行規則も改正され，危険時の措置の充実強化，業務改善活動の取り入れ（PDCA サイクルの体制の構築），教育訓練の項目と時間数の変更が求められるようになった。

付録① 放射線防護のための設備，器具，用具

　放射性同位元素を使用するに当たり，汚染や内部・外部被曝を防ぐためにさまざまな設備・器具・用具があります。使用する核種や数量，放射線の種類に応じて適切に使用しましょう。

設　備	目的など
給排気（空調設備）	換気によって作業室の空気中RI濃度を下げ，フィルタで浄化してから排気することによって，環境汚染を防ぐ。
フード（ドラフトチャンバー）	飛散したRIによる室内空気の汚染を防ぐ。
安全キャビネット	微生物などによる危険性を防ぐため，フィルタで浄化してから排気する装置。クラスⅡ以上では吸気も滅菌してキャビネット内の無菌を保つものであり，室内や環境への漏洩防止機能はない。
グローブボックス	RIをほぼ完全に閉じ込めて作業ができる。
動物飼育用フード	空調機やフィルタを内蔵し，動物飼育に必要な環境を作る。動物の呼気による空気中汚染を防ぐ。排気設備に接続しない場合は室内空気の汚染防止機能はない。
インナーボックス	遮蔽体の中に設ける気密保持用の箱。

身につけるもの	目的など
手袋	浸透性の低いゴム，プラスチックで皮膚の汚染と内部被曝を防ぐ。
作業着，帽子，腕カバー	衣服や身体の汚染を防ぐ。
タイベックススーツ	浸透性の低い素材で全身の汚染を防ぐ。
靴，サンダル	管理区域や作業室の入退室時に履き替え，汚染の拡大を防ぐ。
マスク	高性能フィルタ付きのマスクは内部被曝防止効果が高い。
防護メガネ，フェイスシールド	β線や低エネルギーγ・X線による水晶体の防護に有効。

器具・用具	目的など
ポリエチレンろ紙，プラスチックシート	作業台，床などの汚染を防ぐ。
トレイ，吸水パッド	液体RIによる汚染の広がりを防ぐ。
ペーパータオル	少量の液体RIによる汚染の除去。
アクリル板	比較的エネルギーが高いβ線に対する外部被曝防止。
鉛入りプラスチック板，鉛エプロン，鉛手袋	低エネルギーγ・X線に対する外部被曝防止。
鉛ブロック，鉛ガラス	γ・X線に対する外部被曝防止。
ピンセット，トング	線源からの距離を取ることによって外部被曝を防ぐ。密封線源の取扱いにも有効。
マイクロピペット，安全ピペット	内部被曝を防ぐ。マイクロピペットは作業時間の短縮にも有効。

付録② 主な放射性核種のγ線の実効線量（AP）透過率

（JAERI-Data／Code 2000-044より引用）

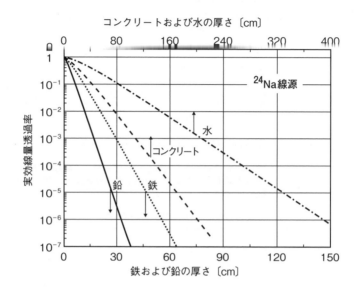

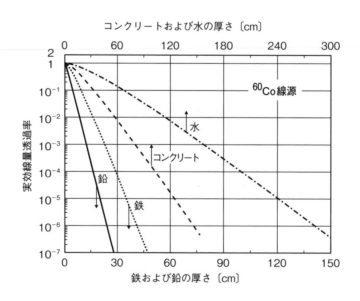

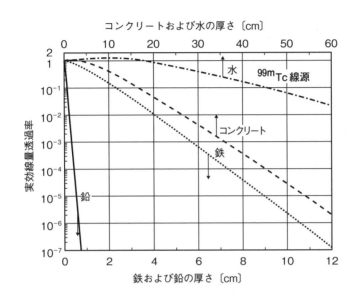

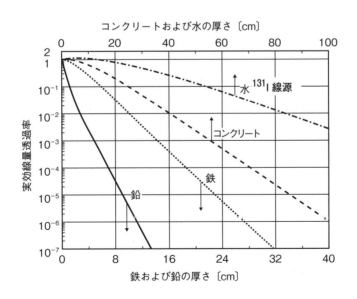

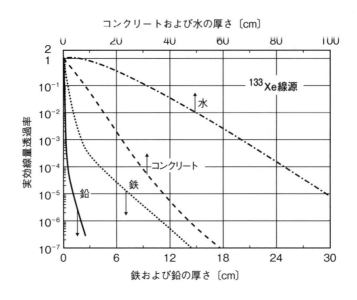

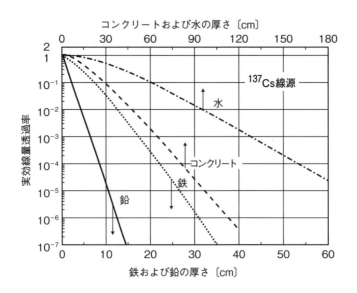

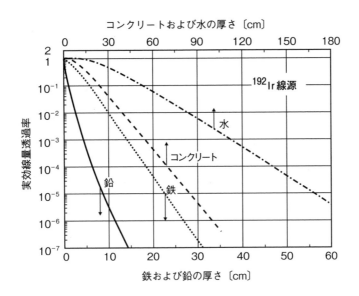

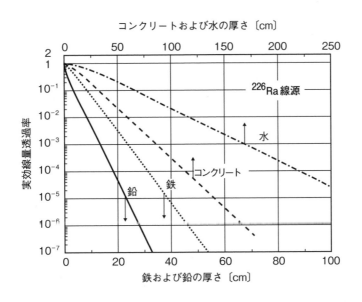

付録③ RI廃棄物分類表

分　類		外　装	容量(ℓ)	主な物品名	収納要領
固体廃棄物	可燃物	ドラム缶(黄色)	50	敷きわら(糞尿が付着していないもの),紙類,布類,木片	●十分に乾燥する ●感染のおそれのあるものは滅菌する ●破砕,圧縮,焼却,乾留,溶融等の減容処理等はしない
	可燃物※1	ドラム缶(緑色)			
	難燃物	ドラム缶(黄色)	50	プラスチックチューブ,ポリバイアル,ポリシート,ゴム手袋,発泡スチロール	●十分に乾燥する ●感染のおそれのあるものは滅菌する ●シリコン,テフロン,塩ビ製品等は不燃物に収納する ●ポリバイアル等の中の残液を抜く ●破砕,圧縮,焼却,乾留,溶融等の減容処理等はしない
	難燃物※1	ドラム缶(緑色)			
	不燃物	ドラム缶(黄色)	50	ガラスバイアル,ガラス器具,注射針,翼状針,塩ビ製品,シリコンチューブ,陶器,アルミ箔,テフロン製品	●十分に乾燥する ●感染のおそれのあるものは滅菌する ●ガラスバイアル等の中の残液を抜く ●破砕,圧縮,焼却,乾留,溶融等の減容処理等はしない
	不燃物※1	ドラム缶(緑色)			
	非圧縮性不燃物	ドラム缶(黄色)	50	土壌,金属塊,鉄骨,パイプ,コンクリート片,鋳物,多量のベータプレート,多量のTLCプレート,多量の活性炭,多量の陶器	●十分に乾燥する ●感染のおそれのあるものは滅菌する ●ポリシート等の梱包が破れないようにする ●ドラム缶込みの重量を60kg以下とし,天蓋表面に重量を記載する
	非圧縮性不燃物※1	ドラム缶(緑色)			
	動物※2	ドラム缶(青色)	50	乾燥後の動物,敷きわら・床敷き(糞尿が付着しているもの)	●十分に乾燥する ●感染のおそれのあるものは滅菌する ●チャック付ポリ袋に収納し,ポリエチレン製内容器に封入する ●ポリエチレン製内容器をチャック付ポリ袋に封入してドラム缶に収納する ●破砕,圧縮,焼却,乾留,溶融等の減容処理等はしない
	4核種※3で汚染されたもの｜難燃物特殊廃棄物	ドラム缶(黄色)	50	可燃物,難燃物,不燃物,動物※2の主な物品名に準ずる	●十分に乾燥する ●感染のおそれのあるものは滅菌する ●チャック付ポリ袋に収納し,ポリエチレン製内容器に封入する ●ポリエチレン製内容器をチャック付ポリ袋に封入してドラム缶に収納する ●4核種用の指定ドラム缶を使用する ●非圧縮性不燃物特殊廃棄物はドラム缶込みの重量を60kg以下とし,天蓋表面に重量を記載する
	4核種※3で汚染されたもの｜非圧縮性不燃物特殊廃棄物	ドラム缶(黄色)		非圧縮性不燃物の主な物品名に準ずる	

※1　医療法,臨検法,薬機法に基づく使用等により発生する核種 (^{18}F, ^{32}P, ^{51}Cr, ^{57}Co, ^{58}Co, ^{59}Fe, ^{67}Ga, ^{75}Se, ^{81}Rb-^{81m}Kr, ^{85}Sr, ^{89}Sr, ^{90}Y, ^{99}Mo-^{99m}Tc, ^{111}In, ^{123}I, ^{125}I, ^{131}I, ^{133}Xe, ^{197}Hg, ^{198}Au, ^{201}Tl, ^{203}Hg, ^{223}Ra) のみを含むRI廃棄物
※2　乾燥後の動物
※3　4核種 (^{36}Cl, ^{90}Sr, ^{99}Tc, ^{129}I) のみに分別し,4核種専用の容器をご使用ください

分　類		外　装	容量 (ℓ)	主な物品名	収納要領
固体廃棄物	焼却型フィルタ	ポリシート 及び段ボール箱	…	ヘパフィルタ， プレフィルタ[※4]	●ポリシートと段ボール箱で梱包する ●ヘパフィルタとプレフィルタは別梱包に 　する ●厚みが薄いプレフィルタはまとめて梱包 　する（厚さ400mm以下まで）
	焼却型フィルタ[※1]	ポリシート 及び段ボール箱			
	焼却型チャコールフィルタ	ポリシート 及び段ボール箱	…	チャコールフィルタ[※4]	●ポリシートと段ボール箱で梱包する
	焼却型チャコールフィルタ[※1]	ポリシート 及び段ボール箱			
	焼却型炭素繊維フィルタ	ポリシート 及び段ボール箱	…	チャコールフィルタ[※5]	●ポリシートと段ボール箱で梱包する
	焼却型炭素繊維フィルタ[※1]	ポリシート 及び段ボール箱			
	通常型フィルタ	ポリシート 及び段ボール箱	…	ヘパフィルタ， プレフィルタ	●ポリシートと段ボール箱で梱包する ●ヘパフィルタとプレフィルタは別梱包に 　する ●厚みが薄いプレフィルタはまとめて梱包 　する（厚さ400mm以下まで）
	通常型フィルタ[※1]	ポリシート 及び段ボール箱			
	通常型チャコールフィルタ	ポリシート， 段ボール箱及び 木箱	…	チャコールフィルタ	●ポリシート，段ボール箱及び木箱で梱包 　する ●50kg超の場合，梱包表面に重量を記載 　する
	通常型チャコールフィルタ[※1]	ポリシート， 段ボール箱及び 木箱			
液体廃棄物	無機液体		ドラム缶 （橙色）	25	無機廃液	●指定のポリびんを使用する ●高粘度の液体，可燃性液体，固体廃棄物 　を入れない ●pH値は2〜12 ●塩素を含む試薬でのpH調整は行わない ●液量はポリびんの肩口までとする
	有機液体		ドラム缶 （水色）	25	液体シンチレータ廃液[※6]	●指定のステンレス容器を使用する ●粘度はエンジンオイル程度を上限とする ●固体廃棄物を入れない ●pH値は4〜10 ●塩素を含む試薬でのpH調整は行わない ●液量はステンレス容器の肩口までとする
	4核種[※3]で汚染 されたもの	無機液体 特殊廃棄物	ドラム缶 （橙色）	25	無機廃液	●4核種用のポリびんを使用する ●高粘度の液体，可燃性液体，固体廃棄物 　を入れない ●pH値は2〜12 ●塩素を含む試薬でのpH調整は行わない ●液量はポリびんの肩口までとする
		有機液体 特殊廃棄物	ドラム缶 （水色）	25	液体シンチレータ廃液[※6]	●4核種用のステンレス容器を使用する ●粘度はエンジンオイル程度を上限とする ●固体廃棄物を入れない ●pH値は4〜10 ●塩素を含む試薬でのpH調整は行わない ●液量はステンレス容器の肩口までとする

※4　フィルタ本体に焼却型フィルタラベルが貼付されたもの
※5　フィルタ本体に焼却型炭素繊維フィルタラベルが貼付されたもの
※6　液体シンチレータ廃液以外の有機液体は集荷対象外

公益社団法人日本アイソトープ協会

付録④　RI 標識

(1)　放射性同位元素の使用をする室 **該当規定** 施行規則第14条の7第1項第9号 **標識を付ける箇所** 放射性同位元素の使用をする室の出入口又はその付近	 放射能標識は半径10cm以上
(2)　放射線発生装置の使用をする室 **該当規定** 施行規則第14条の7第1項第9号 **標識を付ける箇所** 放射線発生装置の使用をする室の出入口又はその付近	 放射能標識は半径10cm以上
(3)　汚染検査室 **該当規定** 第14条の7第1項第9号,第14条の8において準用する第14条の7第1項第9号及び第14条の11第1項第10号 **標識を付ける箇所** 汚染検査室の出入口又はその付近	 白十字の長さは12cm以上

(4)　貯蔵室 **該当規定** 施行規則第14条の9第7号 **標識を付ける箇所** 貯蔵室の出入口又はその付近	 放射能標識は半径10cm以上
(5)　貯蔵箱 **該当規定** 施行規則第14条の9第7号 **標識を付ける箇所** 貯蔵箱の表面	 放射能標識は半径2.5cm以上
(6)　貯蔵施設に備える容器 **該当規定** 施行規則第14条の9第7号 **標識を付ける箇所** 容器の表面	 放射能標識は半径2.5cm以上

付

録

(7) 排水設備 (排水浄化槽, 排液処理装置)

該当規定
施行規則第14条の11第1項第10号

標識を付ける箇所
放射能標識については排水浄化槽の表面又はその付近及び排液処理装置, 放射能表示については地上に露出する排水管の表面

排 水 設 備
許可なくして
立入りを禁ず

放射能標識は排水浄化槽では半径10cm以上, 排液処理装置では半径5cm以上

排水管

黄 赤紫 黄　青
1 : 2 : 1 : 4
赤紫の幅は2cm以上

(10) 管理区域 (使用施設)

該当規定
施行規則第14条の7第1項第9号

標識を付ける箇所
管理区域の境界の設ける柵その他の人がみだりに立ち入らないようにするための施設の出入口又はその付近

管 理 区 域
(使用施設)
許可なくして
立入りを禁ず

放射能標識は半径10cm以上

(8) 排気設備 (排気口及び排気浄化装置)

該当規定
施行規則第14条の11第1項第10号

標識を付ける箇所
放射能標識については排気口又はその付近及び排気浄化装置, 放射能表示については排気管の表面

排 気 設 備
許可なくして
触れることを禁ず

放射能標識は半径5cm以上

排気管

黄 赤紫 黄　白
1 : 2 : 1 : 4
赤紫の幅は2cm以上

(11) 管理区域 (届出使用者が放射性同位元素の使用をする場合)

該当規定
施行規則第15条第1項第13号

標識を付ける箇所
管理区域の境界の設ける柵その他の人がみだりに立ち入らないようにするための施設の出入口又はその付近

管 理 区 域
(放射性同位元素使用場所)
許可なくして
立入りを禁ず

放射能標識は半径10cm以上

(9) 保管廃棄設備

該当規定
施行規則第14条の11第1項第10号

標識を付ける箇所
保管廃棄設備の外部に通ずる部分又はその付近

保管廃棄設備
許可なくして
立入りを禁ず

放射能標識は半径10cm以上

(12) 車両標識 (事業所外運搬)

該当規定
昭和52年運輸省令第33号第11条第1項

標識を付ける場所
車両の両側面及び後面の3箇所

寸法
250mm×250mm以上

放 射 性
この表面に
近づかないこと
7

索引用語

改訂版
よくわかる放射線・アイソトープの安全取扱い　—現場必備！教育訓練テキスト—

アイソトープの安全取扱入門　—教育訓練テキスト—
　1982 年 5 月 20 日　　初版発行
　1984 年 2 月 29 日　　改訂版発行
　1990 年 6 月 15 日　　改訂 3 版発行

放射線・アイソトープを取扱う前に　—教育訓練テキスト—
　2005 年 9 月 9 日　　初版第 1 刷発行
　2017 年 4 月 1 日　　初版第 9 刷発行

よくわかる放射線・アイソトープの安全取扱い　—現場必備！教育訓練テキスト—
　2018 年 3 月 16 日　　初版第 1 刷発行
　2018 年 9 月 8 日　　初版第 2 刷発行
　2020 年 3 月 26 日　　改訂版発行
　2021 年 3 月 30 日　　改訂版第 2 刷発行
　2022 年 11 月 30 日　　改訂版第 3 刷発行

編　集　　公益社団法人
発　行　　日本アイソトープ協会

〒113-8941　東京都文京区本駒込二丁目28番45号
　　　TEL　　代表 (03) 5395-8021
　　　　　　　学術 (03) 5395-8035
　　　E-mail　s-shogai@jrias.or.jp
　　　URL　　https://www.jrias.or.jp

発売所　　丸善出版株式会社

〒101-0051　東京都千代田区神田神保町 2-17
　　　　　　　TEL (03) 3512-3256
　　　URL　https://www.maruzen-publishing.co.jp/

©Japan Radioisotope Association, 2020　Printed in Japan

ISBN978-4-89073-275-3　C2040　印刷・製本　有限会社アルファクリエイト
（内容に正誤が生じた場合には、日本アイソトープ協会ホームページにて「正誤表」を掲載いたします。）